国家出版基金项目
NATIONAL PUBLICATION FOUNDATION

中华农耕文化精粹

苑圃嘉艺

园艺卷

唐志强◎主编

李建萍◎著

科学普及出版社
·北京·

图书在版编目（CIP）数据

中华农耕文化精粹．园艺卷：苑囿嘉艺 / 唐志强主编；李建萍著．-- 北京：科学普及出版社，2025. 4.

ISBN 978-7-110-10831-4

Ⅰ. F329

中国国家版本馆 CIP 数据核字第 20244FW953 号

总 策 划	周少敏
策划编辑	郭秋霞　李惠兴
责任编辑	郭秋霞　张晶晶
封面设计	中文天地
正文设计	中文天地
责任校对	邓雪梅
责任印制	马宇晨

出　　版	科学普及出版社
发　　行	中国科学技术出版社有限公司
地　　址	北京市海淀区中关村南大街 16 号
邮　　编	100081
发行电话	010–62173865
传　　真	010–62173081
网　　址	http://www.cspbooks.com.cn

开　　本	710mm × 1000mm　1/16
字　　数	273 千字
印　　张	19.75
版　　次	2025 年 4 月第 1 版
印　　次	2025 年 4 月第 1 次印刷
印　　刷	北京顶佳世纪印刷有限公司
书　　号	ISBN 978-7-110-10831-4 / F · 278
定　　价	118.00 元

丛书编委会

总序

中国具有百万年的人类史、一万年的文化史、五千多年的文明史。农耕文化是中华文化的根基。中国先民在万年的农业实践中，面对各地不尽相同的农业资源，积累了丰富的农业生产知识、经验和智慧，创造了蔚为壮观的农耕文化。农耕文化是中华文化之母，对中华文明的形成、发展和延续具有至关重要的作用，对世界农业发展做出了不可磨灭的贡献。

“中华农耕文化精粹”丛书以弘扬农耕文化为目标，以历史发展进程为叙事的纵向发展主线，以社会文化内涵为横向延展的辅线，提炼并阐释中华农耕文化的智慧精华，从不同角度全面展现中华农耕文化的璀璨辉煌及其对人类文明进步发挥的重要作用。

这套丛书以磅礴的气势展现了中华农耕博大精深的制度文明、物质文明以及技术文明，以深邃的文化诠释中华农耕文明中蕴含的经济、社会、文化、生态、科技等方面的价值，以图文互证、图文互补的形式，阐释历史事实与学者解读之确谬，具有以下四个突出特点。

一是丛书融汇了多学科最新研究成果。尝试打通考古、文物、文化、历史、艺术、民俗、博物等学科领域界限，以多学科的最新研究成果为基础，从历史、社会、经济、文化、生态等多角度，全面系统展现中华农耕文明。

二是丛书汇聚了大量珍贵的农耕图像。岩画、壁画、耕织图、古籍插画以及其他各种载体中反映生产、生活和文化的农耕图像，如此集中、大规模地展示，在国内外均不多见。以图像还原历史真实，以文字解读图像意涵，为读者打开走进中华农耕文化的新视角。

三是丛书解读的视角独具特色。以生动有趣的故事佐证缜密严谨的史实论证，以科学的思想理念解读多样的技术变迁，以丰厚的文化积淀滋润理性的科普论述，诠释中国成为唯一绵延不绝、生生不息的文明古国的内在根基，力求科学性和趣味性的水乳交融与完美呈现。

四是丛书具有很强的“烟火气”和“带入感”。观察、叙述的视角独特而细腻，铺陈、展示的维度立体而多样，以丰富的资料诠释中华农耕文化中蕴含的智慧，带领读者感受先民与自然和谐相处的生产生活情态及审美意趣，唤起深藏人们心中的民族自豪感、认同感和文化自信。

“文如看山不喜平。”这套丛书个性彰显，把学术性与通俗性相结合、物质文化与精神意趣相结合、文字论述与图像展示相结合，内容丰富多彩，文字生动有趣，而且各卷既自成一体，又力求风格一致、体例统一，深度和广度兼备，陪伴读者在上下五千年的农耕文化中徜徉，领略中华农耕文化的博大精深，撷取一丛丛闪耀着智慧光芒的农耕精华。

丛书编委会

2024年2月

前言

我国地处亚欧大陆板块，多样性的自然地理和气候孕育了丰富的植物。随着人类生产生活的不断进步，植物资源也被不断地发现和利用，特别是随着农业生产的发展，我国驯化并培育了世界上最多的园艺作物，形成了庞大的园艺栽培品种体系，创造了灿烂的园艺文明，为我们民族的生存发展提供了持续的物质保障。

我国园艺的起源可追溯到原始农业发展的早期阶段，先民在长期的采集活动中，已经积累了丰富的植物辨识、采摘、食用、药用的知识和经验，为园艺文明的产生创造了条件。殷商时期是园艺的早期萌芽阶段，殷墟出土的甲骨文中已有“圃”“囿”等字。周朝时，园圃已从大田作业中独立出来，处于仅次于粮食生产的重要地位，并设有专门的人员掌管，“以九职任万民。一曰三农，生九穀；二曰园圃，毓草木”。先秦时期，对园圃生产技术的要求极高。孔子曰“吾不如老圃”；《吕氏春秋·上农》也有“齿年未长，不敢为园圃”的记载。成书于战国至秦汉时期的《黄帝内经》是中国最早的医学经典著作，其中提出了“五谷为养，五果为助，五畜为益，五菜为充，气味合而服之，以补精益气”的膳食养生原则，奠定了中国人两千多年的饮食结构。秦汉时期，随着社会生产力的提高，园艺已出现大规模的专业化生产。魏晋南北朝时期，蔬菜、瓜果、园艺的种类和数量都有了较大的提高。隋唐宋元时期，随着社会经济文化的发展，园艺作物的驯化栽培技术和园林艺术都达到顶峰，掌握园艺技术的工匠受到社会的普遍重视。明清时期，海上交流频繁，在园艺引种和技术方面的中外交流更盛，园艺和园林技术达到鼎盛。

在古代，蔬菜、果木与粮食同等重要，《尔雅·释天》曰：“谷不熟为饥，蔬不熟为馑，果不熟为荒。”我国是世界上利用野生植物最多的国家，被誉为“世界园艺之母”。随着园艺技术的发展，我国驯化培育了大量的花卉、蔬菜、水果、本草药材、园林植物，并进一步将之传播到世界各地。同时，我国在不同历史时期也在不断地引进驯化外来植物，丰富着我们的食物品类。英国生物学家、进化论的奠基人达尔文通过栽培植物发展史的研究指出：中国在远古时期就已经开始应用人工选择理论和变异理论，有许多果蔬和花卉的植物变种最早输出欧洲乃至全世界。

当今社会物质极大丰富，人们更加注重精神文化上的追求。本书着重从花卉、果树、蔬菜、本草和园林五个方面来反映园艺技艺和文化，每一章都选取我国传统文化中或人们常见的较有代表性的品类展开叙述，分别描绘了这五个方面的历史演化、文化艺术、栽培技艺、加工食用、中外交流，以及与之相关的社会风俗等。鉴于花卉在中华传统文化中占有非常重要的地位，体现了中华民族如兰似梅的优秀品质。因此，本书有意将花卉植艺放在开篇第一章，并施以重彩，不吝引用历代文人的华美诗词，充分体现中华民族对花卉的赞誉喜爱之情，亦在赞美花卉的诗词中，彰显中华民族优秀文化的博雅和华美。总而言之，本书不仅充分体现了我国农耕文化的博大精深和悠久历史，更是一场丰富而细腻的精神、文化和艺术的盛宴。

李建萍

2024年8月

目录

第一章 花卉植艺

第二章 果树植艺

第三章 蔬菜植艺

第四章 本草植艺

第五章 园林植艺

第一章 花卉植艺

二十四番风信催，郭南间道有花开。
园官欲斗金钱赏，名字先供百品来。

——宋代苏泂《金陵杂兴二百首·其一》

我国人民自古有爱花赏花的风俗，最早的诗歌总集《诗经》中有大量形容花木绝丽的词语。魏晋以后，人们开始移栽和培植观赏花卉，代表性的花卉著作有《魏王花木志》。

唐宋时期，随着经济的繁荣及社会赏花风气的蔚然兴起，园艺空前繁荣，已培育出牡丹、芍药、月季、梅、兰、菊、荷等花卉，并诞生了不同的专业花卉种植中心。涌现出大量的花卉种植著作，花卉文学，艺术创作达到高峰。明清时期，在花卉栽培、养护、嫁接、病虫害防治技术等方面形成了一整套的知识体系，在品种培育、花色、花型方面都有质的发展，代表东方花艺的盆景和插花艺术达到巅峰。

随着中西文化的交流，姹紫嫣红的中国花卉不仅点缀了东方庭院，也极大丰富了欧美植物园的花卉种类和色彩。

第一节 牡丹

花开花落二十日，一城之人皆若狂。

庭前芍药妖无格，池上芙蕖净少情。
唯有牡丹真国色，花开时节动京城。
——唐代刘禹锡《赏牡丹》

牡丹在我国花卉文化中占据着重要的地位。牡丹花色艳丽，雍容华丽，素有“百花魁首”“国色天香”之誉，是富贵吉祥、国泰民安的象征，代表着中国人对美的追求和境界，常被誉为国花。

水际竹间多牡丹

根据考古发现和古籍记载，牡丹在我国有两千多年的药用历史和一千六百多年的种植历史。牡丹最初被人们发现和利用，并不在于它的观赏价值，而在于它的药用价值。

1972 年，考古人员在甘肃武威出土的东汉早期墓葬中发现了数十枚竹简，上面有牡丹治疗血瘀病的记载。武威是汉武帝在河西地区设立的四郡之一，随着中原移民的大量定居，也带来了治疗疾病的医药本草。我国最早的药学著作、东汉时期的《神农本草经》将牡丹列为下品药，“牡丹味辛寒，一名鹿韭，一名鼠姑，生山谷。主治寒热中风，除癥（zhēng）坚，瘀血，疗痈疮”。牡丹入药部分是植物的根皮，中医上称为“丹皮”，有清热凉血、消炎止痛、活血化瘀的作用，是著名中成药六味地黄丸中的主要配伍。

魏晋时期，牡丹开始作为观赏花卉进入人们的生活。东晋山水诗人谢灵运在《谢康乐集》中记有“永嘉（今浙江温州一带）水际竹间多牡丹”，证明牡丹已由西北地区引种到了温暖的江浙一带。东晋画家顾恺之《洛神赋》中、北齐宫廷画家杨子华的画作上都有牡丹形象，可知在当时牡丹已是宫廷观赏花卉。1868 年，达尔文在其代表作《动物和植物在家养下的变异》中说：“牡丹在中国已经栽培了 1400 年，并且育成了 200 到 300 个变种。”从 19 世纪 70 年代倒推 1400 年，即 5 世纪，也就是我国的南北朝初年，这与中国牡丹的栽植历史大体相符。

隋大业元年（605 年），隋炀帝在洛阳以西建皇家园林西苑，广诏“天下进花卉。从易州（今河北易县）进二十箱牡丹，有赤页红、革呈红、飞来红、袁家红、醉颜红、云红、天外红、一拂黄、延安黄、先春红、颤风娇等名贵品种”，引种到洛阳西苑栽培。《隋书·经籍志》记载“清明次五时牡丹华”，由于洛阳地暖，早开的牡丹到清明时节已经吐露芳华。相传有一日，隋炀帝携嫔妃到西苑登玉凤楼观赏牡丹花，一妃子喟然叹曰：牡丹颜色虽好，可惜楼高，不能看清楚，辜负了这国色天香！隋炀帝遂命各地花师（即种花师傅）进苑想办法，有一山东花师经多番实验后，终于将牡丹成功嫁接在高高的香椿树上。牡丹怒放，高过楼台，隋炀帝赐名为“楼台牡丹”。嫁接术在隋朝以前主要应用于果树种植，到隋朝时已经应用于花卉的人工繁殖上。

世人皆爱牡丹

唐玄宗开元年间（713 年—741 年）以长安为中心的牡丹种植已盛于洛阳。唐代诗人柳宗元在《龙城录》中记载：洛阳有个叫宋单父的人擅种牡丹，“变易千种，红白斗色”。唐玄宗命其至骊山种上万株牡丹花，色样各不同，而众人皆不知其术，乃尊为“花师”。随着栽培技术的提高和专业种花师的出现，唐代已能培育出不同花色、不同花型、重瓣及半重瓣牡丹品种。上至皇家苑囿、富豪庭院，下至百姓民宅，种植牡丹已蔚然成风。

集万千宠爱于一身的杨贵妃更是喜爱牡丹，诗人李白奉诏进宫，写下了“云想衣裳花想容，春风拂槛露华浓。若非群玉山头见，会向瑶台月下逢”的千古佳句。簪花是唐代女子流行的一种装扮，白居易《长恨歌》中“云鬓半偏新睡觉，花冠不整下堂来”，描写了杨玉环得知外国使节到访，来不及整理妆容匆忙相见的情景，所谓“花冠”便是戴在发髻上的一种花饰。

唐代周昉的《簪花仕女图》，描画了六位衣着艳丽，髻插牡丹花、芍药花、海棠花的贵族妇女及其侍女于春夏之交赏花游园的惬意画面。据五代王仁裕《开元天宝遗事·移春槛》记载：宰相杨国忠的子弟“每春至之时，求名花异木，植于槛中，以板为底，以木为轮，使人牵之自转，所至之处，槛在目前，而便即欢赏，目之为移春槛”，将搜罗来的各地奇花异木，放置活动花槛中，牵之以赏之，像一个移动的花车供人观赏。

唐代东京洛阳的牡丹种植业也得以迅猛发展，其规模不亚于西京长安。春赏牡丹已成为唐人的时尚。每到谷雨前后，长安、洛阳及其城郊，牡丹盛开，香气袭人，人们携带酒食，结伴而行，赏花踏青，络绎不绝。唐代诗人刘禹锡的“唯有牡丹真国色，花开时节动京城”，描绘了全京城人出动赏牡丹的盛景。

花开时节，京城长安的花市也最繁华热闹。白居易的《买花》描写了这一情景：“帝城春欲暮，喧喧车马度。共道牡丹时，相随买花去。贵贱无常价，酬直看花数。灼灼百花朵，戋戋五束素。”在唐代，五匹生帛称为“一束”，百朵红牡丹竟抵二十五匹生帛的价钱。有道是：“牡丹一朵值千金，将谓从来色最深。”由于售花市利甚厚，城中百姓多从其业。

牡丹花开时节，大家争相赏花、买花，成为当时的社会风尚。牡丹的国花地位自唐代已经奠定，因此，宋人周敦颐说“自李唐来，世人甚爱牡丹”。

唐代周昉《簪花仕女图》，绢本设色

| 辽宁省博物馆 · 藏 |

洛阳牡丹天下冠

到了北宋，牡丹的种植中心从长安转移至东京（今河南开封）、西京（今河南洛阳）等地。北宋文学家李格非在《洛阳名园记》中记有“凡园皆植牡丹”，天王院花园子“有牡丹数十万本，皆城中赖花以生者，毕家于此”。孟元老《东京梦华录》记录了北宋汴京的花市盛况，“是月季春，万花烂熳，牡丹、芍药、棣棠、木香，种种上市，卖花者以马头竹蓝铺排，歌叫之声，清奇可听”，提着竹篮的卖花人吆喝声不绝于耳。满大街行走的男女老少都佩戴着簪花，有谓是“洛阳风俗重繁华，荷担樵夫亦戴花”。

牡丹在商业上的繁荣和社会赏花风气的蔚然成风，促进了牡丹种植的专业化和栽培技术的飞跃，诞生了不少关于牡丹的著作。北宋元丰五年（1082）周师厚在《洛阳花木记》中提到了牡丹种子采收的技巧，即当果实即将开裂，种

子呈现轻微黄色时，就要马上收集种子并进行播种。如若等种子完全变黑，就很难再发芽了。

北宋欧阳修等编著的《洛阳牡丹记》中记载了牡丹枝接嫁接时间和方法：嫁接的时机宜选在秋后重阳节前，在离地面 5 ~ 7 寸（0.16 ~ 0.23 米）的地方截断枝干，嫁接处用泥封好，覆盖上松土和蒻叶，在朝南的地方留一个出气孔，易于保温、通风，加速嫁接刀口愈合，提高嫁接成活率。《洛阳牡丹记》中还提到了“转枝花”，“潜溪绯者，千叶绯花……本是紫花，忽于藂（丛）中特出绯者，不过一二朵。明年移在他枝，洛人谓之转枝花”。用现在生物学解释，就是将自然变异的牡丹利用芽变嫁接而培养出新品种。

宋代还开创了牡丹分根移栽法，这种方法是继直播法、嫁接法之后的又一种栽培技术，这在清人编著的《调燮类编》中有详细记载，即在秋季将牡丹全根掘出，不能伤害到细须，然后在合适的地方劈开分根移栽，将小麦拌入土中，再用植物白蔹根粉覆盖杀虫。

首先，将小麦撒入土中肥田后种植牡丹，这在清代陈淏子的《花镜》牡丹篇中也有记载：“移栽牡丹根下宿土少留……再以小麦数十粒洒下，然后坐花上，以土覆满易活。”用现代微生物学分析，麦粒富含蛋白质等有机成分，水解后易生成可溶性氨基酸，氨基酸再分解成氨。众所周知，氨是作物生长速效肥。用小麦氨肥代替基肥，难怪牡丹分栽后易成活。由此可知，牡丹“一朵值千金”的珍贵。

其次，将白蔹根粉覆盖在牡丹树下，用于杀虫，《本草纲目》中也有记载：“凡栽花者，根下着白蔹末辟虫，穴中点硫黄杀蠹。”白蔹是葡萄科植物，味苦性寒，是传统中草药。《神农本草经》记载：“主痈肿疽创，散结气，止痛除热。”白蔹可治疗疮疡痈肿、红肿热痛之症。现代药理研究发现，白蔹有抗菌、抑菌的作用，对皮肤真菌、金黄色葡萄球菌有不同程度的抑制作用和治疗效果。将白蔹的块根磨成粉，覆盖在牡丹花土中，确有一定的杀虫作用。而在花穴中点燃硫黄，产生的二氧化硫有害气体，可以熏杀土壤和植株上的害虫。

除欧阳修等编著的《洛阳牡丹记》之外，还有仲殊的《越州牡丹记》、张帮基的《陈州牡丹记》、陆游的《天彭牡丹谱》等，一时间涌现出如此丰富的牡丹种植技术专著，可见当时社会崇尚牡丹的风气之盛。由此可知，牡丹种植区域已由长安、洛阳和开封等地，扩展到越州（今浙江绍兴）、陈州（今河南周口市淮阳区）、天彭（今四川天彭）等地，这些地方成为新的牡丹种植基地。

牡丹受到社会各阶层的喜爱，牡丹产业繁荣昌盛。同时催生了“接花工”的行当，还有人专门从事生产牡丹的砧木“小栽子”并运到城里售卖，以致“种花如种黍粟，动以顷计”。利用嫁接技术进行株选的方法来选育新品种，使牡丹的花色、花型比唐代更加丰富，而且还出现了不少并蒂、相嵌、变色等奇花异品，如二色红、重瓣的姚黄、魏紫及稀有的绿色品种欧碧等名贵品种，佳品花瓣有六七百瓣之多。欧阳修在《洛阳牡丹记》中说，“自多叶千叶花出后，此花黜矣，今人不复种也”，自从重瓣花出现后，单瓣花就不再栽种了。

重瓣牡丹以姚家的“千叶黄”和魏家的“千叶紫”甚为罕见，宋人说：姚

宋代佚名绘《牡丹图》扇页，绢本设色

|故宫博物院·藏 王宪明·绘|

《牡丹图》描绘了牡丹花后“魏紫”，花冠硕大、重瓣层叠，在绿叶的相衬下格外娇艳华贵。

黄乃为“花王”，魏紫堪称“花后”。嫁接一株“姚黄”，价值五千钱[①]。看一次“魏紫”，也得付十几个钱。据说每当花开时节，姚氏门巷车马塞途，有好事者或登立墙头、或登立人肩，争相一睹芳容。所以，有诗云：“姚魏从来洛下夸，千金不惜买繁华。”

曹州牡丹甲天下

元代，牡丹发展进入低潮期，品种退化，连重瓣的品种都很少见。明代，牡丹又开始兴起，北平（今北京）、太湖、兰州、广州等地广泛种植，亳州牡丹盛极一时。明代夏之臣在《评亳州牡丹》中说：“牡丹其种类异者，其种子之

① 按照《宋史职官志》中“每斗（米）折钱三十文”的记载。当时的5000钱可兑166斗米，1斗为10升，每升约重1.5千克，约等于2490千克大米。

清代《缠枝牡丹纹锦》(局部)，宫廷织锦

| 中国国家博物馆 · 藏　李建萍 · 摄 |

牡丹代表着花开富贵，牡丹缠枝代表着富贵连连，牡丹纹样在中国传统服饰上一直流行不衰。

忽变者也。”是以种子“忽变”来解释牡丹种类的变异。可见，在几百年前中国人就已认识到“忽变”与花卉品种多样化的关系。这里的“忽变”，已相当于 20 世纪初荷兰植物学家雨果·德·弗里斯（Hugo de Vries）所创用的“突变”一词，只是我们尚未提出一套完整的突变学说。

明嘉靖年间曹州（今山东菏泽）牡丹兴起，到了清代更加兴盛，栽培面积已达千亩，有“曹州牡丹甲天下”之说。从此，菏泽牡丹在中国牡丹发展史上独领风骚五百余年。

全球牡丹之祖

牡丹原产于中国，在秦岭、华山、峨眉山、神农架等地都发现了野生牡丹。当代植物学家通过基因学研究发现，中国有九大野生牡丹，其中四种原产于横断山区到西藏东南部，五种原产于中国东部，只有紫斑牡丹、杨山牡丹（凤丹牡丹）和稷山牡丹（矮牡丹）这三种野生牡丹参与了传统牡丹品种的进化。经过一千多年的精心培育，这些原产中国东部的野生白色单瓣花朵，经过人为的驯化和反复杂交，演变为今天人们眼中花冠硕大、花瓣层叠、姹紫嫣红的“万花之王”。

目前全球有 20 多个国家栽培牡丹，但是它们都有共同的祖先，那就是中国的野生牡丹。8 世纪以后，中国牡丹东渡日本和西传欧美后，相继发展形成了不同的种群。8 世纪牡丹传入日本后，经过长期栽培，于 17—18 世纪形成了以半重瓣和单瓣品种为主的日本品种群。13 世纪,《马可·波罗游记》激起了欧洲人对神秘而富有的东方的热烈向往。1787 年，英国皇家植物园邱园种植了来自中国的第一株牡丹。19 世纪，受英国皇家园艺协会派遣来中国采集植物的植物猎人罗伯特·福琼（Robert Fortune）将包括牡丹在内的 100 多种中国植物运往英国，后传入欧美等国家，从此，东方牡丹风靡世界。到 20 世纪初形成了欧洲品种群。

第二节 芍药

多谢花工怜寂寞，尚留芍药殿春风。

溱与洧，方涣涣兮。
士与女，方秉蕑兮。
女曰观乎？士曰既且，且往观乎？
洧之外，洵訏且乐。
维士与女，伊其相谑，赠之以勺药。
——先秦《诗经·郑风·溱洧》

《溱（zhēn）洧（wěi）》采自《诗经·郑风》，是一首描写两千多年前郑国情人节的诗歌。农历三月三上巳日，青年男女相聚在溱水和洧水（今河南新密境内）祓（fú）禊（xì）踏青游春，临别时折下芍药相赠，表达缔结好合之意。因此，芍药自古被视为爱情之花。又因离别时相赠，而被称为“将离”“离草”等。

百花之中名最古

芍药，毛茛科芍药属草本植物。芍药原产于中国，多生长于山川河谷地带或丘陵之上，是历史记载最悠久的花卉之一。宋代虞汝明《古琴疏》记载：“帝相元年，条谷贡桐、芍药，帝令羿植桐于云和，命武罗伯植芍药于后苑。”相传帝相（姒相）是夏朝的第五个天子，在他即位之初，条谷国进贡芍药，帝命武罗伯将芍药种植于王宫后苑中。

魏晋时期，芍药作为宫廷观赏花卉进入繁盛时期。《晋宫阁名》记载：“胪章殿前，芍药华（花）六畦。”西晋宫城中的胪章殿前，种了六畦芍药花。唐代王焘《外台秘要》记“魏文帝用效秘方”，芍药系魏文帝曹丕的宫廷养生美容秘方。皇家种植芍药，既为观赏，也为药用。魏晋时期洛阳女诗人辛萧的《芍药花颂》云：“晔晔芍药，植此前庭。晨润甘露，昼晞阳灵。”彼时芍药花种植已从宫廷影响到民间。

西晋末年，衣冠南渡，也把芍药带到南方。南朝诗人谢朓（tiǎo）有《直中书省》云“红药当阶翻，苍苔依砌上”，可见当时芍药的园林应用形式主要为庭院栽培。建康（今江苏南京）成为这一时期芍药的栽培中心。南朝姚察《建康记》中有“建康出芍药，极精好”，可见江南的水土气候更适宜芍药的

芍药·日本江户时代细井徇《诗经名物图解》

｜日本国立国会图书馆·藏｜

生长。

芍药与牡丹，并称“花中双绝”。牡丹被誉为花王，芍药被誉为花相。现代人从植物学角度分析诗词《溱洧》，认为时令农历三月三与芍药花期不符，此“勺药”，应为“木芍药”，也就是牡丹花。先秦以前，尚无牡丹之名。为区分芍药与牡丹，称芍药为“没骨花”，牡丹为“木芍药”，界定了一个是草本植物、一个是木本植物的植物学特征。因此，后人有“芍药著于三代之际，风雅所流咏也。今人贵牡丹而贱芍药，不知牡丹初无名，依芍药得名，故其初曰木芍药”。芍药风靡称著的时候，“花中之王”的牡丹还“寂寂无名”。

扬州芍药甲天下

如同洛阳人爱牡丹，扬州人则对芍药情有独钟。扬州芍药的栽培始于唐，极盛于宋，因此扬州成了宋代芍药的种植中心，“芍药之盛环广陵（今江苏扬州）四五十里之间”，栽培范围遍及扬州及江淮广大地区。花开的时候，“自广陵南至姑苏，北入射阳，东至通州海上，西止滁、和州，数百里间人人厌观矣”，成片的花海令人有“不胜观之”之感。因此，宋人有“天下名花，洛阳牡丹；广陵芍药，为相牟埒”之说，洛阳牡丹若是花王，扬州芍药便是花相。

扬州芍药在栽培技术、品种培育等都有突破。宋代任扬州江都县令的王观在《扬州芍药谱》中记载：“要三年或二年一分。不分，则旧根老硬，侵蚀新芽，花不成就。”栽培上主要采用分株繁育技术，强调芍药生长到一定年限，要去除“老硬病腐”之根和旧土。然后“贮以竹席之器，运往他州，壅以沙粪以培之”的移栽法。王观在《扬州芍药谱》中还说：“今洛阳之牡丹、维扬之芍药，受天地之气以生，而小大浅深，一随人力之工拙，而移其天地所生之性，故奇容异色，间出于人间……花之颜色之深浅与叶蕊之繁盛，皆出于培壅剥削之力。”所谓“天生之性”就是植物的遗传性，当时的人已经认识到植物遗传与变异的关系，以及人工在植物变异中的作用。王观进一步说：芍药虽“自以

贈之以勺藥
傳勺藥香草集傳
三月開花芳色可
愛○吕記陳氏曰
勺藥者溱洧之地
富有之詩人賦物
有所因也陳淏子
花鏡勺藥廣陵者
為天下最近日四
方競尚巧立名目
約百種

赠之以芍药 · 日本江户时代橘国雄

《毛诗品物图考》

| 台北故宫博物院 · 藏 |

种传独得天然”，但是“以人而盗天地之功而成之”，即植物固然有它自己的遗传特性，但人们只要根据植物的生长特性，满足植物生长的必要条件，就可以在不同的地方栽培人们所需要的植物。这种观点，在当时无疑是非常先进的。

随着栽培技术的提高，扬州芍药品种和花色不断增多，可谓“聚一州绝品于其中”。宋人刘颁《芍药谱》中记有三十一种芍药，按品级分为七个等级，是最早的芍药花型分类法。到北宋宋神宗熙宁八年（1075 年），芍药品种增至三十九种。在扬州，“种花之家，园舍相望”“园圃不可胜记”“畦兮亩列，多者至数万根”，可见芍药种植规模之大。扬州芍药风气之盛，连寺庙中的僧侣也受到影响，龙兴寺的山子、罗汉、观音、弥陀四寺院培育的芍药花色奇绝，被评为扬州花冠。扬州一朱氏花园有南北两个花圃，种有五六万株芍药，以花装饰园内亭阁招徕游人，赏花者“逾月不绝”。由此，朱氏花园也被认为是我国最早的花卉博览园。

北宋仁宗庆历五年（1045 年），扬州太守韩琦得一枝四杈芍药花，每杈上都开有一朵红色芍药花，花中间有一圈金色的黄蕊，好像红袍上束了一条金腰带，甚为称奇，遂邀请王珪、王安石、陈升之三人饮酒赏花，没想到这四人都先后做了朝中宰相。在扬州做过司理参军的沈括将这个故事记载在《梦溪笔谈·补笔谈》中，使得坊间广传“四相簪花”的典故，这也是民间戏称芍药为“花相”的缘故。其实，花瓣出现不规则的“洒金”现象，缘于通过人为的选择培育，促使植物发生遗传变异，是一种定向的选择培育。

北宋哲宗元祐五年（1090 年），扬州太守蔡京效仿洛阳牡丹花会，用十几万枝芍药花办起了蔚为壮观的芍药“万花会”。宋人刘克庄赋词：“画堂深，金瓶万朵，元戎高会。座上祥云层层起，不减洛中姚魏。”可见扬州芍药盛况俨然不让洛阳牡丹。

在扬州，芍药簪花已蔚然成风。王观在《扬州芍药谱》中说：“扬之人与西洛（洛阳）不异，无贵贱皆喜戴花。”扬州的花市也格外热闹，在“开明桥之间，方春之月，拂旦有花市焉”，天还没亮，花市就挤满了卖花和买花的人。

京师芍药连畦结畛

元代时，芍药在西起渑池、新安，东到巩县（今河南巩义市）的邙山广泛种植。明代，芍药栽培中心转移到了安徽亳州，成为全国闻名的白芍集散地。清代刘开有“小黄城（今安徽亳州）外芍药花，十里五里生朝霞。花前花后皆人家，家家种花如桑麻”的诗句，描绘了小黄城芍药花怒放的景象。

明代在芍药分株移栽技术方面有了更准确的把握，王象晋在《群芳谱》中记载，“其津脉在根，可移栽，春月不宜”，认为春季分株对芍药的生长不利。中国花农早有“春分分芍药，到老花不开；秋分分芍药，花儿开不败”的谚语，这是老花匠们对芍药分株的技术性总结。

清代，芍药种植中心转移到山东曹州，后又转至京师（今北京）丰台一带。清代陈淏子《花镜》仅记载了八十八个芍药品种，而扬州在乾隆时芍药品种已达一百个以上，有“杨妃吐艳”“铁线紫”“观音面”“冰容”“金玉交辉”等名品。清代周篔（yún）在《析津日记》中记载：“芍药之盛，旧数扬州，……今扬州遗种绝少。而京师丰台，连畦结畛，荷担市者日万余。”丰台的草桥十八村，村村都种芍药，连畦接畛，一望无际，可见种植之盛。这就是旧时北京“谷雨前后看牡丹，立夏前后赏芍药”习俗的由来。

世界芍药之母

中国芍药经过多种渠道传入国外，对世界芍药品种的形成影响极大，被誉为世界“芍药之母”。

10 世纪，中国芍药传入日本。17 世纪，中国芍药的一些改良品种被应用于园艺种植。18 世纪，日本的芍药种植进入繁盛时期，品种多达一百个以上。1948 年，日本育种家伊藤东一用中国滇牡丹（*P・delavayi*）和日本芍药花香殿（*P. Kakoden*）杂交，得到了世界上第一个芍药牡丹组间杂种“伊藤杂种”。

19 世纪，中国芍药品种被引入欧洲。英国皇家植物园邱园的芍药园中有来

芍药·日本江户时代毛利梅园《梅园百花画谱》

| 日本国立国会图书馆·藏 |

自中国藏芍药（*P*·*stermiana*）、川赤芍（*P*·*veitchii*）、草芍药（*P*·*obovata*）等多个品种及变种，受到了英国人的热烈追捧。中国牡丹和芍药在欧洲流行之后，成为雷诺阿、拉图尔等艺术家的绘画对象。1806 年，中国芍药经由英国传到美国。美国在 1903 年成立了芍药协会，芍药育种开始迅速发展。

第三节 梅花

葵影便移长至日，梅花先趁小寒开。

墙角数枝梅，凌寒独自开。
遥知不是雪，为有暗香来。
——北宋王安石《梅花》

“葵影便移长至日，梅花先趁小寒开”，梅花是小寒节气的花信风，俗称“冷香花”。百花之中，梅花春色最先，素有“一树独先天下春”之誉。梅与兰、竹、菊并称“四君子”，与松、竹并称“岁寒三友”，梅花高洁、典雅、冷峭、坚贞，被视为“知友”“君子”当之无愧。

梅始以花闻天下

中国是梅的故乡，原产中国西南滇西北、川西南和藏东一带，在云南大理发现有野生梅树变种的刺梅和曲梗梅，在湖北宜昌和四川汶川发现了野生原种。

梅，蔷薇科李属落叶乔木，果实为“梅子”，花朵为“梅花”。考古发现表明，早在新石器时期，我国先民就开始采食梅子。《诗经》中有“终南何有，有条有梅”“山有嘉卉，侯栗侯梅”，这是有关梅的最早记载。梅是亚热带植物，可见周代气候之和暖。后由于气候干冷，原本在黄河下游无处不在的亚热带植物梅，就此退出了华北地区。《山海经》中有“灵山有木多梅”,《说苑·秦使》有“越使诸发执一枝梅遣梁王”的记载，说明先秦时期人们对梅的关注已从食梅转为赏梅。

到了西汉初年，赏梅之风兴起。《西京杂记》记载:“汉初修上林苑，群臣远方各献名果……。梅七：朱梅、紫叶梅、紫华梅、同心梅、丽枝梅、燕梅、猴梅。”西汉皇家苑囿上林苑中仅花梅就有七种，其中不仅有单瓣花，还出现重瓣花品种。西汉末年扬雄《蜀都赋》记载蜀地行道旁“被以樱、梅，树以木兰”，行道旁遍植梅花、樱花、木兰花等花木。

到魏晋南北朝时，艺梅、赏梅、咏梅、赠梅之风更盛，从梅的实用性上升到艺术、精神文化层面，是梅花文化形成的雏形，“梅始以花闻天下”。北魏

面饰花钿女俑·晋唐时期壁画，新疆吐鲁番阿斯塔纳出土

（具体时期存疑）陆凯率兵南征梅岭时，正值梅花开放，想起了陇头（今陕西陇山）好友范晔，恰遇北去的驿使，就出现了折梅赋诗赠友人的一幕，“折梅逢驿使，寄与陇头人。江南无所有，聊赠一枝春”。故后人以“一枝春”代指梅花。

三国时期男人流行“赠梅”，南朝时女人则流行“梅花妆”。相传南朝宋武帝刘裕的女儿寿阳公主卧于含章殿檐下，其时梅花盛开，花瓣落于额上，“拂之不去，号梅花妆，宫人皆效之”，梅花晕衬的美人越发娇艳，引得后宫粉黛皆饰梅花妆。这种妆容也成为民间女子争相效仿的时尚，南宋有词云“佳人半露梅妆额，绿云低映花如刻”，由此可知梅花妆对后世女性妆容的影响。

十亩梅花作雪飞

隋唐五代是艺梅渐盛时期，受到宫廷和文人雅士的喜爱。唐明皇爱妃江采苹“性喜梅，所居栏槛，悉植数枝……梅开赋赏，至夜分尚顾恋花下不能去”，皇帝戏称其“梅妃”。大诗人白居易对余杭（今浙江杭州）孤山梅园欣赏有加，留下“曾与梅花醉几场，孤山园里丽如妆”的诗句。韩愈、元稹、柳宗元等名家的咏梅之作，进一步推动了梅花的声誉和艺梅技艺。根据文献记载，梅花品种多属江梅类、宫粉梅类、大红梅类、朱砂梅类。五代时期，据蜀称王的王建在成都辟梅苑。五代初孟天祥在成都称王时，别苑中有老梅卧地称之为“梅龙”。梅花只在凛冽的寒冬绽放，“踏雪寻梅”是古人的雅趣。唐代诗人孟浩然与王维同作梅花诗，总感觉王维的咏梅诗句胜自己一筹，于是向王维请教。王维说：“万千字词任其用，诗之精灵在四周。”孟浩然听后深受启发，决心到深山里看看真正的梅花，品味其性格和气节。于是他在寒风呼啸、大雪纷飞之时，进山寻找梅花。“踏雪寻梅”成为后世文人画家非常喜欢的创作题材之一。

到宋代，由于北方气候日趋寒冷，华北地区已经无法种植梅树了。江南进入艺梅的兴盛时期，艺梅技艺有了很大的提高，花色品种日益增加。余杭、嘉兴、苏州成为梅花种植中心，余杭孤山梅园十亩有余，花开时“十亩梅花作雪

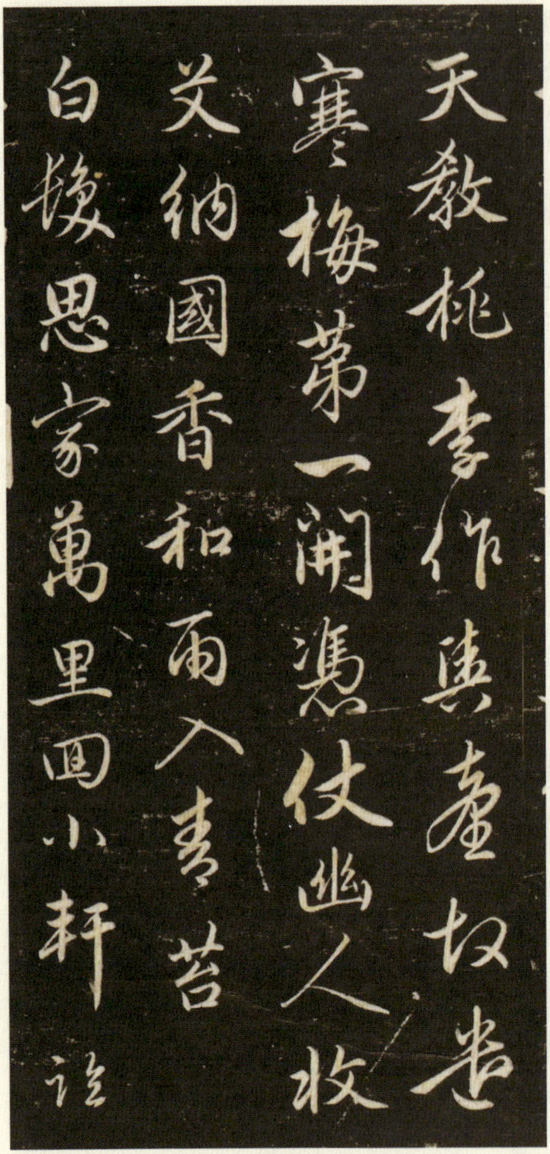

元代赵孟頫《再和杨公济梅花十绝》，行书

| 哈佛大学图书馆 · 藏 |

北宋文学家苏轼的《再和杨公济梅花十绝》赞美梅花“天教桃李作舆台，故遣寒梅第一开。凭仗幽人收艾纳，国香和雨入青苔。”

明代唐寅《观梅图轴》，纸本墨色

| 故宫博物院 · 藏 |

《观梅图轴》描绘了一位高士袖手立于溪桥之上探梅，身后的山崖边两树梅花含苞待放。唐寅自题七绝一首：“插天空谷水之涯，中有官梅两树花。”

飞”；苏州一带盛行艺梅，邓尉山梅花开放时，被誉为“香雪海”。因为爱梅，南宋张功甫、范成大等文人士大夫购得私家梅园艺梅，张功甫在嘉兴南湖之滨购得有数十株古梅的梅园，又从西湖北山移来红梅三百余株，从东、西各植千叶缃梅、红梅一二十株，竟引得赏梅者络绎不绝，付费登舟渡池才能到达植花地。范成大在吴中（今江苏苏州）石湖玉雪坡有梅数百株。因为在艺梅方面多有体会，范成大的《梅谱》和张功甫的《梅品》成为中国也是世界上最早的艺梅专著。

北宋处士林逋（bū）的“以梅为妻，以鹤为子”的逸事，留下了一段关于梅花的千古佳话。人称“和靖先生”的林逋，清高自适，隐居西湖孤山，唯以植梅养鹤为乐，他也由此成为文人仰慕的隐士典范。其诗词“疏影横斜水清浅，暗香浮动月黄昏”，写尽梅之姿态与风韵。

宋人吴自牧《梦粱录》记载临安有绿萼、千叶、香梅、福州红、潭州红、柔枝等梅花品种；有檀心、磬门等蜡梅品种。范成大《梅谱》记载了苏州江梅、早梅、官城梅、古梅等十二个梅花品种性状及嫁接、堂花种植技艺，堪称一部梅花科技文献。其中“一岁抽代嫩枝，直上或三四尺，如酴醾蔷薇辈者，吴下谓之气条”，“又有一种粪壤力胜者，于条上茁短横枝，状如棘针，花密缀之”，表明当地圃人已能辨别梅的营养枝和生殖枝，对生长过旺、发育不充实的徒长枝，采取整枝、摘心、舒蕾、剪除幼果等方法，使花朵开多开大。“吴下圃人以直脚梅择他本花肥实美者接之，花遂敷腴”，当地圃人用江梅的实生苗做砧木，依靠嫁接技术培育出名贵品种。

宋人多喜爱折梅插瓶，花农摸索出浴热催花技术，南宋范成大在《梅谱》中说：“行都（临安，今杭州）卖花者，争先为奇，冬初折未开枝，置浴室中，熏蒸令拆，强名早梅。”南宋临安，卖花人冬日沿街市吟叫扑卖，既有整棵盆景梅株，也有簪带的朵花，还有瓶插的枝花，买者各取所需。插梅花的瓶子，最初是用小口、短颈、丰肩、瘦底、圈足的盛酒瓶做插瓶，这种瓶子在大小酒铺里都能见到，因瓶体修长，宋时称“经瓶”。明代以后，这种瓶体造型越来越优美，因与梅的瘦骨风韵相称，故称“梅瓶”，成了宫廷陈设品。

梅极一春之盛

明清两代，种植梅花具有相当的普遍性，不仅有庭院种植、制作盆景，而且有瓶插。艺梅水平有了更大进步，梅花的栽培达到了极盛。已知梅核须经层积方能萌芽；梅的品种间嫁接普遍应用，并在梅属植物内与其他种如桃、李、杏互接也很成功。另外，在梅的整枝、扎缚、浇灌、养护和促成栽培技术方面，都积累了丰富的经验。

梅花新品种大量出现。明代王象晋《群芳谱》记有梅花品种十九个，分为白梅、红梅、异品三大类。清代陈淏子《花镜》记有梅花品种二十一个，而其中的“台阁”“照水”为梅花新品种。在长期的驯化栽培过程中，梅中出现了复瓣、重瓣、台阁，以及奇异的花瓣、萼片、新奇的枝姿、色泽艳丽的花朵等，被有心人发现并另行繁殖栽培，从而培育出许多观赏价值高的梅的新品种。

苏州、南京、杭州、成都等地为传统的梅花种植中心。明代苏州进士姚希孟说：“梅花之盛不得不推吴中”“所谓二十四番花信风，唯梅信第一，帷时四方名流骚客，或寻胜，或探梅，舟车往来，络绎而至，极一春之盛”，可见明代苏州赏梅风气之盛。杭州“二月十五日为花朝，花朝月夕，世俗恒言。官巷口有花市，卖花者以马头竹篮盛之，歌叫于市，买者纠然”，花朝节时官巷口花市买卖格外兴盛。

苏州邓尉山“居民以植梅为生，花时一望如雪，香风度十余里”，当地居民都以种植梅、茶、桑等经济作物为生，其中梅的种植要占一半以上。一直到清乾隆年间，都是“望衡千余家，种梅如种谷。梅熟子可沽，梅香开不鬻（yù）”的情况。明清时期，北京入冬以地窖养梅花，“掘坑堑以窖之，盖入冬土中气暖，以其所养花木借土气火气相半也”，燃烧柴火和马粪使地微温，外覆以草垫和蒲席以保温，待梅色逐渐变白，以纸笼住，在花市上出售。

明代宫廷织绣《缂丝花卉册·飞燕迎春》

| 台北故宫博物院·藏 |

人们习惯用画梅花九九消寒图的方式迎接春天的到来。明代《帝京景物略》记载："冬至时，画素梅一枝，为瓣八十有一，日染一瓣尽而九九出，则春深矣。"南方人家有除夕夜"用斛盛米，插梅花、冬青于其中"的习俗，寓意迎接春天的到来。新婚之家，乡邻祝贺新禧，常会送上一对喜鹊在梅、竹枝上欢悦鸣叫图案的枕套、暖瓶、搪瓷盆等日用品，寓意"喜上眉梢""竹梅双喜"。

人们常将长者的眉毛视为长寿的"寿征"，称为眉寿。"梅"与"眉"谐音，绘梅花、天竹、水仙、绶带鸟和石图，寓"天仙眉寿"之意。在中国文化里，梅花的五个花瓣代表着长寿、富贵、康宁、好德、善终，因此，梅开五福是吉祥幸福的象征。

梅花不仅在中国是珍贵花卉，在国外也很受人喜爱。早在8世纪便传入日本，引种到朝鲜则更早。日本有"梅之会"的组织，并出版发行专门刊物《梅》。在18世纪以前，牡丹、梅花等东方花卉对欧洲人来说只是一种想象，他们首先是从中国进口的刺绣、瓷器上的梅花、玉兰、茶花、牡丹等花卉图案，想象遥远的东方蕴藏着庞大的园林植物宝库。19世纪，越来越多的植物标本被运到欧洲。19世纪梅花传入欧洲，20世纪初传入美国，现在世界各国均有栽培，但不及东方国家之盛。

从16世纪末至20世纪40年代，先后有约16个国家，共约200人来到中国调查植物资源，大量采集植物标本，搜集苗木、种子等，他们中有植物学家、探险家、旅行家、动物学家、外交官、海关职员、军官、传教士、教师、园艺家、职业采集家和商人等，他们的足迹踏遍了我国各省区，甚至深入到当时常人所不能到的区域。据不完全统计，在过去的二百多年中，外国人在中国采集了近100万件植物标本，上千种植物苗木和种子，记载新发现与新纪录植物上万种，新属158个。

第四节 兰花

清风摇翠环，凉露滴苍玉。

清风摇翠环，凉露滴苍玉。
美人胡不纫，幽香蔼空谷。
谢庭漫芳草，楚畹多绿莎。
于焉忽相见，岁晏将如何。
——唐代唐彦谦《兰二首》

全球兰科植物有 20000 种之多，是仅次于菊科的第二大植物家族，也是单子叶植物中最大的科。野生兰花分布在中国南部和东南部山坡林荫下，有 171 属 1200 多种。中国传统名花中的兰花仅指分布在中国兰科兰属地生草本植物。兰花绰约多姿，幽香馥郁，清雅高洁有“花中君子”的美誉。古名有春兰、蕙兰、建兰、墨兰和寒兰等，统称“国兰”。

兰花第一香

最早进入人们视野的是兰草，一直以来人们都将《诗经》《楚辞》中歌咏的兰草（香草）误认为是兰花，但它们其实是两种完全不同的植物，“一字之差，而谬以千里”。

兰花研究专家陈心启先生认为，唐代以前，兰花兰草不分。直到唐代诗人唐彦谦《兰二首》中有“清风摇翠环，凉露滴苍玉”的诗句，才真正描绘了兰花的形态特征。其中，“翠环”指下弯成半圆形的带状绿叶，“苍玉”是绿白色的花朵。在香草中，只有兰属植物有这样的特征。唐彦谦曾在陕西汉中和四川做官，此两地皆产国兰，专家推测此诗是他在860年至880年期间所写。说明唐朝末年，文人雅士已经普遍种植兰花。

中国是兰花的故乡。中国人观赏和培植兰花，比之西方栽培的洋兰要早得多。“中国兰”与花大色艳的热带兰花大不相同，没有醒目的艳态，没有硕大的花、叶，却具有质朴文静、淡雅高洁的气质，很符合东方人的审美标准。而现在市场上被追捧的蝴蝶兰，为兰科蝴蝶兰属，原产于亚热带雨林地区，分布在泰国、菲律宾、马来西亚及印度尼西亚，被习惯性称为“洋兰”。

元代郑思肖《墨兰图》

| 大阪国立美术馆 · 藏 |

《墨兰图》上绘墨兰两株，兰叶参差，疏朗昂扬。自题诗“向来俯首问羲皇，汝是何人到此乡？未有画前开鼻孔，满天浮动古馨香”，彰显了作者孤高脱俗的思想境界。此画与宋宗室第十一世孙赵孟坚的《墨兰图》如出一辙，都是以画露根兰寄寓无土亡国之痛。

在唐代，兰蕙已在上层人士的庭院和盆栽中普遍种植。大诗人李白有“幽兰香风远，蕙草流芳根”的诗句。北宋陶谷在《清异录》中称赞：“兰花第一香”“兰虽吐一花，室中亦馥郁袭人，弥旬不歇，故江南人以兰为‘香祖’”，这里的兰花就是指春兰。唐代杨夔《植兰说》云：“兰荃洁净，非类乎众莽。苗既骤悴，根亦旋腐。”栽培兰花不能像种菜那样浇粪水施肥，否则会烂根。说明当时人们对兰花的生长特点和种植技术也有一定的了解和掌握。《清异录》记有“令取沪溪美土拥备之”，说明当时人们已认识到土壤的选择对兰花种植的重要性。

天地爱养高下

宋代是中国艺兰史的鼎盛时期，国兰栽培日益兴盛，艺兰学说和书籍逐渐增多。北宋哲宗绍圣二年（1095年），著名文学家、书法家黄庭坚被贬涪州、黔州（今四川涪陵、彭水）期间，沉醉艺兰，所著《书幽芳亭》首次将兰蕙进行了分类，“一干一花而香有余者兰，一干五七花而香不足者蕙”，将兰之香气作为评价兰花的首要标准，为后来中国兰的分类奠定了基础。南宋罗愿在《尔雅翼》中进一步指出，“兰之叶如莎，首春则发。花甚芳香，大抵生于森林之中，微风过之，其香蔼然达于外，故曰芷兰。江南兰只在春劳，荆楚及闽中者秋夏再芳”，认为叶姿的形色韵也是评价兰花的重要标准。江南的春兰只在春日报春，而荆楚和闽地的建兰在秋、夏两季再吐芳菲。足见，南宋艺兰风尚流行之广。

随着艺兰风尚的流行，宋代诞生了四部著名的艺兰专著，其中以南宋末年赵时庚的《金漳兰谱》和王贵学的《建兰谱》最为著名。《金漳兰谱》是中国历史上第一部兰谱，记录了漳州、泉州、瓯越等地的紫兰（主要是墨兰）、白兰（素心建兰）两大类三十五个品种，以及兰花的品第、种植、灌溉等方面的技术和经验。强调分栽须在“寒露之后，立冬之前”进行移植，不会损伤根系，有利于兰花生长。

明代宫廷织绣《缂丝花卉册·芝兰》

| 故宫博物院·藏 王宪明·绘 |

《建兰谱》更是丰富了《金漳兰谱》，记述了福建地区所产兰花 30 多种，还将当时的建兰种养，欣赏水平推向新的高峰。《建兰谱》认为“竹有节而啬花，梅有花而啬叶，松有叶而啬香，然兰独并而有之”，赞美兰花兼具“形神韵”整体之美。人们在鉴赏兰花高雅风姿时，已将人格融入赏兰标准之中，以花形喻义，以兰言志，兰花开始成为理想化人格的象征。

莳养兰蕙为业

元代之后，除传统的兰花种植中心广东、福建、湖北以外，江西、浙江一带因气候温和，航运便利，商业发达，艺兰之风也迅速兴起。

明清两代，随着兰花品种的不断增加，栽培经验的日益丰富，兰花已成为大众观赏之物，在中国传统文化中的形象与地位已完全确立。

明代王世懋《闽部疏》提到福兴四郡栽培建兰尤盛，民家普遍传种的建兰，已不同于山间的野生兰。明代高濂《兰谱》记有：“春不出宜避春之风雪，夏不日避炎日之销烁，秋不干宜常浇也，冬不湿宜藏之地中，不当见水成冰。”这里“春不出、夏不日、秋不干、冬不湿”的培兰方法为后人所沿用。明代冯京第《兰史》为兰作“本纪”“世家”“列传”，将兰分为“上上、上中、上下，中上、中中、中下，下上”七品，并说兰为王者香，王者香不应有下中和下下。《南中幽芳录》记录了三十八品兰蕙的产地及分布、生态习性、根茎、叶鞘、花葶形态、着花数量等，并做了简练、生动形象的赏评。

自清乾隆时起，江浙一带渐成兰文化中心，艺兰技术和繁育品种已具相当水平。清初鲍薇省的《艺兰杂记》首次系统地论述了春兰和蕙兰的“梅瓣、荷瓣、水仙瓣”等瓣型，还把兰花归纳为“五瓣分窠”“分头合背”“连肩合

春兰·日本江户时代毛利梅园《梅园百花画谱》

| 日本国立国会图书馆·藏 |

背”等类型，现在艺兰界仍沿用这种瓣型分类方法。清代袁世俊《兰言述略》记录了九十八品江浙兰蕙品种。嘉庆年间，浙江余姚一带的兰农已经熟练掌握了兰花种植技术，能以莳养兰蕙为业。每遇花开时，有好事人家设宴会，众人以品第其高下。当时，各处皆有爱植兰蕙的乡绅，所藏珍品价值数百金，甚至几万金。

清代，还出现了“摆花会”形式的兰花展览。袁世俊《兰言述略》中记有：“沪城每年一次于邑庙内园，自乾隆时起，至今未替。从前与会者，凡三十余人，各出一金，以作公分，或者不敷，则会首几人公贴。自庚申后，赴会者仅十人，或送香烛，所费乏为首者当之。”正是如此，自清初开始在无锡、苏州、上海、杭州、嘉兴等地兴起各种形式的摆花会，持续不断，渐成风俗，进一步推动了兰文化的普及。兰花还广泛用于人际交往礼仪中，江浙一带嫁女、祝寿、乔迁送兰风俗十分普遍，甚至连兄弟分家，兰花也要计入财产，形成了一种民俗世代流传。

中国传统的赏兰观念和艺兰技术很早就传到日本、朝鲜半岛。近代日本学者田边贺堂在《兰花栽培的枝节》一文中认为，建兰与素心兰分别在中国秦代和唐代引入日本。如今日本栽培兰已自成体系，发展为“东洋兰”的基地。在朝鲜、韩国，人们也把兰花视为一种高雅的花卉，陈设于居室、寓所、大堂之中，他们还将兰花作为一种高级的礼品来馈赠。18世纪，我国建兰传入英国。1804年，英国皇家园艺协会开始大规模推广，出现商业性的兰花栽培。19世纪，英国皇家植物园邱园和德国汉堡植物园都有种植，一些私人花园以种植兰花作为财富和身份地位的象征。

由于生态环境的破坏和过度采挖，中国兰野生种群面临灭绝的危险。中国现有二百九十三种兰科植物被列入《国家重点保护野生植物名录》，其中所有野生国兰均为二级重点保护，另有七个物种和兜兰属整属为一级重点保护。非法采挖、贩卖受保护野生兰花，最高可判七年有期徒刑。

第五节 菊花

满园花菊郁金黄，中有孤丛色似霜。

采菊东篱下，悠然见南山。
山气日夕佳，飞鸟相与还。
——东晋陶渊明《饮酒·其五》

菊花独于百花凋零后，傲霜斗雪，凌寒不凋，有“花中君子”的美誉。现在的人们在清明祭奠时常用菊花，是受西方文化传入的影响。殊不知，菊花在古代是重要的观赏花卉，在我国传统文化中是吉祥、长寿的象征。因此，被赋予“寿客”“延年”的雅称。

季秋鞠有黄华

菊花是菊科菊属多年生宿根草本植物。菊科是世界第一大植物家族，全球有菊科植物 25000 ~ 30000 种。我国是菊的原产地之一，各地都有野生菊的分布。在古代，菊有鞠、蘜、金英、黄华、秋菊、陶菊、日精、女华、隐逸花等称谓。菊花是秋季的物候，在古代有重要的指时作用，农谚有“菊花黄，种麦忙”，菊花黄提示人们开始种麦。

中国古代关于菊花的最早记载，出现在西汉戴德《大戴礼记·夏小正》曰：“九月荣鞠树麦。鞠，草也。鞠荣而树麦，时之急也。”《礼记·月令》记有：

“季秋之月，鞠有黄华。”《四民月令》记有：“九月九日可采鞠华。”“鞠华”“黄华”，指的都是菊花。

菊花可药膳同食。屈原《离骚》中有“朝饮木兰之坠露兮，夕餐秋菊之落英”的诗句，表明当时秋菊的花瓣已经入膳。东汉《神农本草经》将菊花列为“上药”一百二十种之一，“菊花味苦平，久服利血气，轻身耐老延年”。菊花具有散风清热、平肝明目、清热解毒的药效，药菊以贡菊、亳菊、滁菊、杭菊、怀菊、川菊为佳。汉代刘歆《西京杂记》记载“菊花舒时，并采茎叶，杂黍米酿之，……谓之菊花酒”，当时帝宫后妃皆称菊花酒为“长寿酒”。《后汉郡国志》引《荆州记》记载：东汉太尉胡广久患风羸（léi）病，长期饮用南阳郦县（今河南内乡郦城）的菊水而痊愈。此地菊花“茎短葩大，食之甘美，异于余菊”，胡广将郦县菊花引种到京师（今河南洛阳），“遂处处传种之”。由此可知，我国至少有一千九百多年的菊花种植历史。

魏晋南北朝时期，菊花不仅可作药物、蔬菜，还可观赏。三国时期，“蜀人多种菊，以苗可入菜，花可入药，园圃悉植之，郊野人采野菊供药肆”。三国时期文学家曹植名篇《洛神赋》记有“荣曜秋菊”的诗句，形容洛神如秋日下的菊花容光溢彩。东晋时期的陶渊明，几度出仕，让他认清了官场的污浊与黑暗。41岁时辞官归隐，躬耕菊园，饮酒赋诗，写下了“采菊东篱下，悠然见南山”“秋菊有佳色，裛（yì）露掇其英”等脍炙人口的名句。

唐代，菊花栽种开始普及，已经能够使用嫁接法繁殖菊花。花色由原来只有一种黄色，出现了紫色和白色的新品种。李商隐的“暗暗淡淡紫，融融冶冶黄”和白居易的“满园花菊郁金黄，中有孤丛色似霜”，歌咏的就是这三种菊花。从今人耳熟能详的唐末农民起义领袖黄巢的“飒飒西风满院栽，蕊寒香冷蝶难来。他年我若为青帝，报与桃花一处开”“待到秋来九月八，我花开后百花杀。冲天香阵透长安，满城尽带黄金甲”两首霸气十足的菊花诗中，可以一窥唐代长安城秋天菊花满城、香气冲天的情景。

南宋佚名《丛菊图》纨扇页，绢本设色
| 故宫博物院 · 藏　王宪明 · 绘 |

和宁门外花如海

宋代是菊花突飞猛进的发展期，随着栽培及人工选择技术的提高，菊花品种也大量增加，其叶、花型、花瓣类型变化丰富，色、香、姿、韵俱佳，成为名贵观赏花卉。

宋代开始出现较多的菊花谱录，记录了菊花种植方面的宝贵经验和思想。陆游在《老学庵笔记》中将种菊技术总结为“九要”：养胎、传种、扶植、修葺、陪护、幻弄、土宜、浇灌、除害，种花为“弄花”。在栽培上对菊花的整形摘心，养护管理和利用种子繁殖获得新品种等都有了更多的经验。北宋温革在《分门琐碎录》中提到，将黄白二菊进行嫁接获得成功。刘蒙的《菊谱》是最早的一部菊花专著，记录了当时种花人的经验，“花之形色变易，……岁取其变以为新”，并提出“凡植物之见取于人者，栽培灌溉不失其宜，则枝叶华实无不猥大。至其气之所聚，乃有连理、合颖、双叶、并蒂之瑞，而况于花有变而为千叶者乎”的观点；范成大在《吴郡志》中也说，“人力勤，土又膏沃，花亦为之屡变”，说明人们当时都认识到通过人工培育和选择，可以促进植物变异为“奇花异卉”的新种。这种思想观念体现了我国古代在植物进化观的萌芽，对后世花卉园艺发展产生深刻影响。

在选种和育种方面，由于采取引种、嫁接和精心选择并重的原则，使菊花品种爆炸式增长，名品层出不穷。北宋的艺菊中心在河南洛阳，刘蒙的《菊谱》记载洛阳有菊花品种三十五种。南宋时，由于政治经济中心南移，苏杭一带渐成为菊花的栽培中心。《史氏菊谱》记载苏州一带菊花品种二十七种，已有桃花菊、芙蓉菊等红色花品种。范成大的《范村菊谱》记载江浙一带有菊花品种三十五种，其中，不仅出现“夏菊”“香菊”品种，还有“红花菊”、托桂型菊花“佛顶菊”。大者花序直径达十厘米左右，谓“金杯玉盘”。宋末史铸的《百菊集谱》汇集诸家所录，品种已达一百六十二种，并有“绿芙蓉，墨菊其色如墨”的记载，说明绿菊、墨菊已育出问世。南宋范成大在《吴郡志》中记述了苏州高超的艺菊水平，“菊，所在固有之，吴下尤盛。……至秋则一干所出数千百朵，婆娑团栾如车盖笼矣。”当时人们已能培养一株着花千百朵的大立菊，可见江南艺菊水平之高超。

宋代菊花品种的丰富和多样，带动了花卉市场的繁荣兴旺，花卉观赏从上层人士向民间普及。上至王公贵族、下至黎民百姓都喜爱菊花，“禁中与贵家皆赏此菊”“士庶之家亦市一二株玩赏”。重阳节是汴京（今河南开封）全民性的赏菊热潮，熙熙攘攘的赏菊人潮，常将京都各处园林，堵至水泄不通。“始八月，尽十月，菊不绝于市”“内前四时有花卖，和宁门外花如海”，重阳节赏菊、斗菊、插菊花枝、挂菊花灯、开菊花会、饮菊花酒、吃菊花糕、赠菊花等一系列的活动，带动了京都相当可观的菊花消费量，使得菊花市场持续繁盛。北宋孟元老《东京梦华录》记载：“九月重阳，都下赏菊有数种：其黄白色蕊若莲房曰万龄菊，粉红色曰桃花菊，白而檀心曰木香菊，黄色而圆者曰金铃菊，纯白而大者曰喜容菊；无处无之，酒家皆以菊花缚成洞户。”酒家为迎合全民

元代佚名《丛菊图轴》，绢本设色

| 故宫博物院·藏 |

一丛盛开的黄色、白色、紫色菊花，灿若文锦，引来翩翩蝴蝶，尽显秋日繁华。

清代崔鏏（wèi）《李清照像》，绢本设色

丨广州美术馆·藏　李建萍·摄丨

赏菊热潮，将入口处的门楼扎满菊花装饰。苏东坡的《题万菊轩》有“一轩高为黄花设，富拟人间万石君”;《杭州府志》记载的“临安有花市，菊花时制为花塔”，描写了当时菊花会和花市上用千百朵菊花扎成的门楼、宝塔型花卉景观的盛大场面，近似于今天城市园艺中的菊花造型。

秋日家家胜栽菊

明代民间也大兴赏菊之风，尤以苏州为盛。每逢菊花盛开时，苏州富贵之家必取“数百本（株），五色相间，高下次列，以供赏玩”，“获异种者，藏之若珍。购之者，不恤裘带”，不惜斥巨资也要购买珍奇菊花以供赏玩，这种现象有点像现在的收藏热。而清雅的爱菊者则“必觅异种，用古盆盎植一枝二枝，……置几榻间，坐卧把玩”，方能体现艺菊的雅趣。清代苏州文士顾禄在《清嘉录·菊花山》中如此写道:“畦菊乍放，虎阜花农已千盎百盂担入城市。”

待菊花含苞，虎丘的菊农就已挑着千百盆菊花进入苏州城贩卖。当时，还有人专门从事为供赏者清洗插花瓶的行当。可以说，彼时苏州已经形成菊花产供销服务一条龙的产业。

清代北京城家家户户都喜在庭院中栽菊赏菊，“秋日家家胜栽黄菊，采白丰台，品类极多。惟黄金带、白玉团、旧玉团、旧朝衣、老僧衲为最雅”。酒馆茶肆也多以菊花招徕顾客，还在街巷张贴广告，“某馆肆新堆菊花山可观”。清代富察敦崇在《燕京岁时记》记载，“每届重阳，富贵之家以九花（菊花）数百盆，架庋广厦中，前轩后轾，望之若山，曰九花山子。四面堆积者曰九花塔”，数百盆菊花堆山成塔，望之蔚然。

明清时期，菊花的栽培技术和品种数量有了更大的发展和提高，菊谱多于其他花卉专著，赏菊文化昌盛。明代著有菊谱 23 部，存世 13 部；清代著有菊谱 35 部，存世 27 部。明代姚绶编写的《菊月令》，将繁杂的艺菊措施安排于每一月份，以便于掌握和不违农时。并记录了：当发现菊的异色芽变时，将植株横倒进行压条，可获得新品种的技术。黄省曾、周履靖在《菊谱》中指出：用“掐眼”“剔蕊”等法，去除多余的花蕾和腋芽，可使花朵变大，这种方法在现在园艺中仍被沿用。

明代王象晋《群芳谱》记载了将近三百个菊花品种，十六种花型。《菊谱》记载了二百二十个菊花品种。明代红、紫、粉、复色品种比例大大增多，并出现了墨色品种花型，已经形成了现在中国大菊品种群雏形。清代陈淏子《花镜》记载了一百五十四个菊花品种。计楠《菊说》记载了二百三十三个菊花品种，其中新培育的有一百多个品种。邹一桂《洋菊谱》记载了清乾隆年间引入的三十六个洋菊菊谱，而洋菊其实是中国菊花传入日本后，经选育再回流中国的菊花新品种。到清末，菊花颜色有黄、绿、白、红、粉、紫，以及二色、复色、间色、杂色品种，色彩纷呈，美不胜收。各个瓣型所占比例，已经和现代十分相近。

菊花是最能体现中国古代园艺育种水平的花卉，当代园艺专家李鸿渐先生从全国收集的六千多份菊花品种中，整理出了三千多个传统品种，这些品种具有历史、文化、经济和生态价值。例如，现在被大量用作农作物杀虫剂的除虫菊，以其花头产生天然除虫菊酯而著称，是世界上唯一集约化种植的植物源杀虫植物。

中国菊点缀世界

约 8 世纪，中国菊花传至日本。在与日本若干野菊进行杂交后，形成了日本栽培菊体系。菊花深受日本国民喜爱。17 世纪末，荷兰商人将中国菊花引入欧洲，1689 年荷兰白里尼曾著有《伟大的东方名花——菊花》一书。18 世纪中叶，法国路易・比尔塔又将中国的大花菊花品种带到法国。19 世纪，受英国皇家园艺协会派遣来中国采集植物的罗伯特・福琼（Robert Fortune）将菊花带回英国，中国菊与日本菊杂交育种形成了英国菊花的各色类型。19 世纪中期，菊花从英国引入北美。此后中国菊花遍及全球。

清代禹之鼎《王原祁艺菊图》

图中描绘了清翰林院侍讲学士王原祁于庭院内品茗赏菊的情景，重现当时文人艺菊的雅趣。

第六节 月季

惟有此花开不厌，一年长占四季春。

月季只应天上物，四时荣谢色常同。
可怜摇落西风里，又放寒枝数点红。
——北宋张耒《月季》

“人无千日好，花难四季红”，唯月季花无日不春风，被誉为“天下风流月季花”。

月季，蔷薇科蔷薇属低矮灌木植物。我国是世界上蔷薇属野生物种资源非常丰富的国家之一，具有两千多年的栽培历史，是月季发源地及最早开始栽培、选育月季品种的国家。

东方四季花者

月季是中国古人从蔷薇属植物中驯化培育出的长期开花不结实的变异类型。两者在外观上十分相似，古人对这两种植物的称呼往往混用。但早期多见载蔷薇。根据文献记载，汉武帝时期的苑囿中已经种植蔷薇。南北朝时期，蔷薇花种植已很普遍。北宋《太平寰宇记》记载：“梁元帝竹林堂中，多种蔷薇。”谢朓《咏蔷薇》诗中有“低枝讵胜叶，轻香幸自通。发萼初攒紫，余采尚霏红”，描述了蔷薇花紫色的蓓蕾，开放后呈现红色。

隋唐的宫廷及民间种植蔷薇之风盛行，是当时种植最广的庭院花卉。从唐代诗人高骈的“满架蔷薇一院香”、贾岛的“破却千家作一池，不栽桃李种蔷薇”、白居易的“晚开春去后，独秀院中央”诗词中可见一斑。就连唐代宰相李德裕告老还乡后，也在其私家园林中引种“会稽（今浙江绍兴）百叶蔷薇、稽山（今安徽宿县）重台蔷薇”。唐代著名画家周昉的《纨扇仕女图》中一仕女手执一枝花，花型已经非常接近现代月季。唐代文学家刘禹锡的诗句“似锦如霞色，连春接夏开”，描述了蔷薇出现了月季所具有的花期长、开花不断的特性。唐代大范围的种植规模，也带来了更丰富的品种变异，蔷薇花型已从单瓣变为重瓣，株型由攀缘渐成为直立，花色有粉、白、红等，更接近于月季的特征。

一年常占四时春

宋代是月季花的兴盛时期，月季成为宫廷观赏、园林绿化、庭院栽植的主要花卉。北宋宋祁《益部方物略记》中最早提到月季，“此花即东方所谓四季花者，翠蔓红嫣，蜀少霜雪，此花得终岁，十二月辄一开，花亘四时，月一披秀，寒暑不改，似固（故）常守”，记载了蜀地已栽培月季，此花四季花开不谢。正因为这种花开四季的生长特点，使它很快成为当时园林花卉的新品种，并有了“长春”“月月红”“月季”等诸多花名。到南宋时，苏杭一带普遍栽培月季。当时诗人也大加歌咏，苏轼有“惟有此花开不厌，一年常占四时春”；

韩琦有“何似此花荣艳足，四时常放浅深红”；杨万里有“只道花无十日红，此花无日不春风”，月季花无疑成了文人士大夫阶层的新宠，成了处处可见的观赏花卉。

宋代在月季栽培技术上积累了丰富的经验，“须在惊蛰前后，捡二尺长幼枝砍下，用指甲刮去树皮三四分，插于背阴处”，利用扦插和选育技术，保存和繁殖了一批优良月季品种。宋代的《月季新谱》是中国第一部月季花栽培专著，记录了“银红牡丹”“蓝田碧玉”等月季名品四十多个，还详细论述了月季栽培的七大环节。北宋周师厚的《洛阳花木记》记载了洛阳三十七种刺花，月季品种有密枝月季、千叶月桂、黄月季、川四季、深红月季、长春花等。由于长期人工扦插及选择的结果，许多月季品种变为重瓣，花后不易结实，花冠

北宋赵昌（传）《蜂花图卷》，绢本设色

|美国大都会艺术博物馆·藏|

南宋马远《白蔷薇图》

| 故宫博物院 · 藏　王宪明 · 绘 |

白色的蔷薇花冠硕大，花瓣重叠，白粉晕染，在繁茂的枝叶下显得格外绚烂夺目。

由仅有红色一种，出现红、粉红、黄、白四种颜色。人们已经能将蔷薇属中几种代表性观赏花卉区分开来，分为月季、蔷薇、玫瑰等常见基本类型。

天下风流月季花

明清时期，月季栽培蔚然成风。每到农历四月初，花农们便将盆栽且含苞待放的月季花送入皇宫，由太监摆设于内廷，以供帝后、嫔妃们观赏。民间栽培月季也比较普遍，明代刘侗《帝京景物略》中有“凡花历三时者，长春也，紫薇也”；李时珍《本草纲目》中也有“处处人家多栽扦之，亦蔷薇类也。青茎长蔓硬刺，叶小于蔷薇，而花深红千叶厚瓣，逐月开放，不结子也”，月季扦插即可成活，遂成为处处可见的观赏花卉。明代以后，先后形成了山东莱州、江苏常州、江苏扬州等月季花种植基地。当时北京丰台草桥一带也种月季，供宫廷摆设之用。

明末清初，月季的栽培品种大大增加。清代评花馆主的《月季花谱》中记载的品种达一百零九种，其中蓝田碧玉（白色）、金瓯泛绿（绿色）、朝霞散绮（黄色）、虢国淡妆（白色）、赤龙含珠（红色）等十种为极品，可见当时品种之盛。清代陈淏子《花镜》记载月季“四季开红花，有深浅白之异，与蔷薇相类，而香尤过之。须植不见日处，见日则白者一二红矣。分栽、扦插俱可。但多虫莠，需以鱼腹腥水浇”，概述了月季分株、扦插、繁殖、栽培和除虫技术。《月季花谱》中提到变种之法，“近之变种均由下子”。据说，当时有些红花品种系由“汉宫春色”的实生苗变来，有的白花品种则来自“蜜波黄”。掌握月季“变种之法”后，月季品种明显增多。

中国古老月季是珍贵的民族遗产，也是现代月季育种的重要种质资源。开展月季及其他花卉种质资源普查，强化种质资源数据管理，探索建立种质资源信息共享机制，对于遏制种质资源破坏与流失，保护月季及我国传统名花、珍稀濒危花卉、特色花卉资源具有重要意义。

流淌着中国“血液”的现代月季

大约在10世纪，欧洲人才看到画上的中国月季，将其称为中国玫瑰。16世纪，意大利开始种植中国月季，画家布隆奇的画是手持中国粉色月季的爱神丘比特。1789年，中国的四株名贵月季（月月粉、月月红、淡黄香水月季、粉晕香水月季），经印度加尔各答运往英国的途中，被四处寻找玫瑰品种的拿破仑妻子约瑟芬皇后知道后，声称要不惜一切代价得到中国月季。据说，为确保中国月季能安全地运送到法国，当时正在交战的英法双方达成临时停战协议，最终把中国月季送到约瑟芬手中。

世界上第一个杂交茶香月季
“法兰西”（La France）

中国月季的优良特性以及约瑟芬皇后的名人效应，引发了法国追捧月季的热潮。法国园艺家用中国月季同欧洲蔷薇杂交，培育出花朵硕大，花期较长，花香浓郁，花色多样的杂交茶香月季，突破了当时欧洲蔷薇只开一季，花小色单，花瓣不多的瓶颈，成为第一个现代月季品种，标志着现代月季的诞生。正如英国植物学家麦克因蒂尔在其著作《蔷薇故事》中说：“中国是月季的发源地，在近代月季花的生命里，流淌着来自中国古老月季花的‘血液’。”此后，欧美各国相继培育出了一万多个现代月季品种。

第七节 荷花

晚日照空矶，采莲承晚晖。

毕竟西湖六月中，风光不与四时同。接天莲叶无穷碧，映日荷花别样红。

——南宋杨万里《晓出净慈寺送林子方》

荷花“清水出芙蓉，天然去雕饰”“中通外直，不蔓不枝，出淤泥而不染，濯清涟而不妖”，被誉为“花中君子”。古称荷华、菡萏、芙蕖、水芙蓉、花莲等。

荷花是莲科莲属多年生水生草本植物，是世界上古老的植物之一，被称为“活化石”。柴达木盆地出土距今一千万年的荷叶化石；河姆渡遗址出土距今七千年的荷花花粉化石；河南大河村仰韶文化遗址出土距今五千年的炭化莲籽；辽东普兰店出土尚有活性的千年古莲，这些考古发现足以证明中国是荷（莲）的重要起源地之一，打破了20世纪前半叶关于“印度是荷花的原产地”的说法。“镜湖三百里，菡萏发荷花”，荷在中国大部分地区都有分布，垂直分布可达海拔两千米，在秦岭和神农架的深山池沼中也可见到。

棹动芙蓉落

早在人类原始采集渔猎之时，河湖中生长的莲籽和藕节就是人们的食物。

先秦时期，已有食藕的记载，《逸周书》中有“薮泽已竭，既莲掘藕”。《诗经》中“有蒲与荷”“隰（xí）有荷华（花）”，记录并歌咏了河塘中开放的荷花。

荷花作为观赏植物引种至园池栽植，最早是在春秋时期。吴王夫差为宠妃西施赏荷而在他的离宫（今苏州灵岩山）修筑“玩花池”，移种野生红莲，是人工砌池栽荷的最早记录。野生红莲是中国子莲、藕莲和观赏莲的共同祖先。汉代是中国农业发展的一个重要时期，荷从野生状态进入栽培发展阶段，江陵（今湖北荆州）、合肥、成都等地成为早期的种植基地。西汉《尔雅》对荷的植物器官最早定名，“荷，芙蕖。其茎茄，其叶蕸，其本密，其华菡，其实莲，其根藕，其中药，药中薏”，可见当时人们对水生植物荷的生理结构和功能有了较多的认识。

魏晋南北朝时期，莲的种植技术和品种都有很大的提高。根据人们对中国莲食用、药用、观赏的不同需求，通过人工选育，逐渐形成了藕莲、籽

荷花·日本江户时代细井徇《诗经名物图解》

|日本国立国会图书馆·藏|

莲、花莲三类不同品系。北魏贾思勰《齐民要术》“种藕法”篇有，“春初掘藕根节头，着鱼池泥中种之，当年即有莲花”，利用藕节上的腋芽进行分株繁殖，当年即有荷花；在“种莲子法”篇有，“八月九日取莲子坚黑者，于瓦上磨莲头，令皮薄。取墐土作熟泥，封之”，选择籽实饱满成熟的莲籽，利用坚硬的瓦当磨去莲籽坚韧的果皮（破壁种皮），然后用泥巴包裹便于沉水，有利于提高莲籽出芽率，这种利用机械力破皮方法沿用至今。可见，当时黄河中下游已具备相当高超的莲培育技术了。

在江南莲花种植区域出现了《采莲曲》《湖边采莲妇》等优美的采莲曲谣。歌舞者衣红罗、系晕裙、乘莲船、执莲花，载歌载舞十分欢快。梁简文帝萧纲乐府诗《采莲曲》歌曰：“晚日照空矶，采莲承晚晖。风起湖难度，莲多采未稀。棹动芙蓉落，船移白鹭飞。荷丝傍绕腕，菱角远牵衣。”描写了江南采莲女们傍晚采莲而归的情景。

三国曹植《芙蓉赋》有“览百卉之英茂，无斯华之独灵”；西晋太傅崔豹《古今注》有“芙蓉，一名荷华，……红白二色最多，华中最秀异者也，大者华百叶”。到东晋时期，已经出现最早的盆植荷花。书法家王羲之在《柬书堂帖》中称：“敝宇今岁植得千叶者数盆，亦便发花，相继不绝，今已开二十余枝矣，颇有可观。”盆栽培育出重瓣型荷花实为难得。由于人工池栽、盆栽莲花技术的发展，再加上社会浓厚的赏莲情趣，促进了莲花品种的选育和繁殖，花莲由单瓣花到“百叶”“千叶”等复瓣、重瓣品种，颜色有红色、白色和青色。

北魏时期的寺院中普遍种植象征“净土”的荷花。北魏杨衒之《洛阳伽蓝记》记有：“开善寺，入其后园，见朱荷出池，绿萍浮水。”佛教有佛前“供华”的教规，“华”即荷花。《南史·齐武帝诸子》记载，“有献莲华供佛者，众僧以铜罂（缶）盛水渍其茎，欲华不萎”，这是有关插花的最早记载，也是“借花献佛”一词的由来。

张大千临摹敦煌壁画《南无观世音菩萨》

|四川省博物院·藏|

佛教认为众生之根性不同，莲花“出淤泥而不染”，故有“莲花藏世界”之义。

芙蓉池里叶田田

隋唐以后，不仅皇家宫苑、富贵之家，就连文人雅士也都爱在庭院中凿塘植莲。隋皇命人改造秦汉皇家“宜春苑”，遍植荷花，易名为“芙蓉园”。每当盛夏时节，帝王、宫妃、王公乘舟于池中游赏莲花。唐玄宗李隆基也最爱携贵妃杨玉环，于“太液池有千叶白莲，数枝盛开”时，与皇亲贵胄在池边宴饮赏荷。唐代庭院中筑池赏荷也成为一种风尚，无论朝中大臣、文人雅士都竞相效仿。唐代文学家刘禹锡做客当朝刘驸马家时，见其庭院“千竿竹翠数莲红，水阁虚凉玉簟空”，客人不仅纳凉赏荷，还有冷饮美食，令人有一种“尽日逍遥避烦暑”之感。白居易也在成都郊外“草堂”前，开挖池塘养鱼种荷，并赋诗“红鲤二三寸，白莲八九枝”。唐代诗僧齐己住回往日的宅第后，不忘记换一换池中的莲花，实现“菡萏新栽白换红”，可谓是乐此不疲。大诗人李白也甚爱莲，写出了“清水出芙蓉，天然去雕饰”的千古名句。

唐代姚合《咏南池嘉莲》有“芙蓉池里叶田田，一本双花出碧泉。浓淡共妍香各散，东西分艳蒂相连”的诗句，说的是罕见的“并蒂莲”现象，古人认为这是祥瑞之兆，而冠以“嘉莲”“瑞莲”的美称。实际上这种现象的形成，缘于荷花的花芽在分化过程中，受到外界环境条件的影响而形成两个分生中心，进而发育成“双胞胎”似的花蕾，这种现象产生的概率为十万分之一。古代常以“并蒂莲”寓意夫妻百年好合、永结同心。

宋承唐风，对荷花的喜爱更盛。北宋理学家周敦颐的《爱莲说》咏：“出淤泥而不染，濯清涟而不妖，中通外直，不蔓不枝；香远益清，亭亭净植；可远观而不可亵玩焉。”自《爱莲说》后，荷花被誉为“花中君子”，与传统的雍容华贵之牡丹，孤傲清高之秋菊并驾齐驱，深受古代文人士大夫的喜爱。南宋时，随着人们赏荷的需要，而发展了荷花盆养、瓶养技术，“于池中种红、白荷花万柄，以瓦盆别种分列水底，时易新者，以为美观”，谓“瓶荷”为“室庐观花”。《物类相感志》中提到古人让荷花早开、久开的办法：“削去根少许，以蜡封之插瓶中，方入水则开，或以火烧，或以针于花蕊上扦数穴亦可，于中

明代陈洪绶绘《荷花鸳鸯图》，绢本设色

| 故宫博物院·藏 |

图中所绘一泓池水中四朵袅袅婷婷的莲花，或含苞欲放、或花蕾初绽、或含露朝阳、或争艳怒放，形象地展示了莲花的多彩身姿。

间切少许亦可”,“以温水入瓶中，经纸蒙固，将花削尖簪，则花开且久”,“以乱发缠折处，泥封其窍，先入瓶底，后灌水，不令入窍，则多存数日”。书中所记的这些瓶荷窍门，都被明代科学家徐光启收录于《农政全书》中，成为明清时期瓶养荷花的指南。

明清时期，荷花在长江、珠江流域栽植较多。除了用莲子繁殖外，还有移植法:“春分，将藕秧疏种，枝头向南，以猪毛少许安在节间，再用肥泥壅好勿露……方贮河水平缸，则花自盛。”种盆莲时，要用河水浇灌，并在太阳下晒，这样“花发大如酒杯，叶缩如碗口，亭亭可爱”。

当时，各地培育的新品种层出不穷。明代文震亨《长物志》记录了“并头、重台、品字、四面观音、碧莲、金边”六个品种。明代王象晋《群芳谱》记载了花瓣上洒有黄色斑点的“洒金”莲和瓣周有微条黄色线的“金边”莲等复色品种（后品种湮没）。清代陈淏子《花镜》记录了三百二十二个莲花品种，清代汪灏《广群芳谱》记录了二十五个莲花品种。清代杨钟宝《缸荷谱》是第一部荷花专著，记载了江南地区荷花品种三十三个，提出了世界上第一个具有进化观点的观赏莲的品种分类系统和方法，并对民间缸荷栽培技术进行了总结，所拟“艺法六条”至今仍有参考价值。

江南一带还培育出不少供盆（缸）种植的荷花品种，最有名的是一种叫“碗莲”小株型品种荷花。明代高濂《遵生八笺》，清代沈复《浮生六记》，杨钟宝《缸荷谱》等分别载有:“高不盈尺”“花大若钱”或“花如脂盒”“藕才指大”的微型荷花，有十余品种。

六月士女集荷池

南宋都城临安的曲院风荷，原是一座官家酒坊，附近的池塘种有菱荷，每当夏日风起，酒香荷香沁人心脾，故名。文人雅士常泛舟西湖赏荷，南宋诗人杨万里有“毕竟西湖六月中，风光不与四时同。接天莲叶无穷碧，映日荷花别样红”的诗句。

明代吴彬《月令图卷》（局部）

| 台北故宫博物院・藏 |

明清时期赏莲之风不减，凡有水泽处皆植红荷、白荷。古人赏花讲究境界，明代袁宏道将赏荷的境界分为上中下三等，“茗赏者，上也；谈赏者，次也；酒赏者，下也”。因池赏方式能全部满足这三种赏花观，故古人最青睐池赏荷花。元明清北京城内外大小湖池里遍植莲荷，“桥东西皆水，荷菱菰蒲，不掩涟漪之色”，“什刹海，地安门外迤西，荷花最盛，六月间士女云集”，人们赏荷游湖之后，必要到荷花市场品尝荷叶粥、八宝莲子粥、鲜菱角、老鸡头米、白花果藕。寻常人家盆植荷花已很普遍，“每有奇种，人家多用缸植”。老北京的四合院里，也少不了盆栽荷花养鲤鱼。

古人赏花讲究“宜地宜时”。农历六月正是赏荷观莲的时节，故古人称农历六月为“荷月”。江南地区每年农历六月二十四日有过“荷花节”的习俗，此俗源于宋代的“观莲节”，明代的“荷花生日节”。彼时，红男绿女荡舟湖上，赏荷游湖，吟咏弹唱，酒食品尝鲜莲藕，为荷花祝寿。

荷花是中国十大名花之一，具有极高的观赏价值，其莲藕、藕带、莲子、莲蓬、荷叶等也有丰富的食用和药用价值。在中国从未有过像“荷”这样一种植物，从生长到凋落、从上到下，甚至每一个部位，都被人们利用得如此充分。

第八节 “堂花”

『堂薰』之法，催花有术。

马塍艺花如艺粟，橐驼之技名天下。非时之品，真足以侔造化、通仙灵。凡花之早放者，名曰『堂花』。

——南宋周密《齐东野语》

唐宋时期，随着社会经济的发展，观赏花卉受到社会的广泛追捧，园艺工匠们辗转将温室栽培蔬菜方法应用于栽培花卉，特别是“堂花”技艺的出现与完善，是花卉园艺工序革新与技术发展的重要突破。

花卉植物对温度异常敏感，通过挖地穴、建暖窖、施硫黄马尿、挖沟灌热水等室温控制措施，人为控制花期，这项花卉促成栽培技术最初被称为“堂花”（也称“塘花”），后来则辗转讹传为“唐花”“薰花”等。

马塍艺花如艺粟

“堂花”作为一种园艺种植技术的详细记载始见于南宋周密《齐东野语》卷十六“马塍（chéng）艺花”：“马塍艺花如艺粟，橐（tuó）驼之技名天下。非时之品，真足以侔造化、通仙灵。凡花之早放者，名曰‘堂花’。其法以纸饰密室，凿地作坎，緪竹置花其上，粪土以牛溲、硫黄，尽培溉之法。然后置沸汤于坎中，少候，汤气熏蒸，则扇之以微风，盎然盛春融淑之气，经宿则花放矣。”

"马塍艺花"篇记载的是南宋时期浙江余杭一个名叫马塍的花农发明的堂花术：首先在地上凿地为坎，在坎上用纸糊个不透风的"密室"，坎下壅（yōng）以粪土，其中掺入牛尿、马尿、硫黄等。同时，地上开沟，沟里倒进热水，土中马尿、硫黄遇热快速发酵，释放热量，提高室温，促使牡丹和桃花的花期提前。这种栽培方法，在当时被看作是一种"足以侔造化，通仙灵"的奇迹。《齐东野语》还记载了一种利用山洞的低温凉风，促桂花早开的技术，"置之石洞岩窦间，暑气不到处，鼓以凉风，养以清气，竟日乃开"。究其原因，因桂花与其他花卉需要在较高的温度下开花不同，它更喜欢一个相对较低的温度。通过人工方法控制室温，促进花卉提前开放，达到控制花卉生长的目的，这是花卉栽培史上一项重要的突破。

向以艺花为业

明清时期，随着城镇进一步开拓和商品经济的迅速发展，传统的农业园艺

建于 1915 年的唐花坞

取得突破性进步，花卉种植技艺也获得进一步提升，围绕以“堂花”技术为核心的“催花法”技艺，广泛应用于江南和京畿地区。

明代田汝成在《西湖游览志馀·熙朝乐事》中记载，“二月十五花朝节，……马塍园丁竞以名花荷担叫鬻（yù）”，余杭马塍园丁在花朝节上竞相贩卖暖窨子里培育的鲜花，可见“堂花”技术应用已很普遍。明清时，北京的“堂花”也盛极一时。《燕京岁时记》中记载：“凡卖花者，谓熏治之花为唐花。”清代《日下旧闻考》记载：“京师腊月即卖牡丹、梅花、绯桃、探春诸花，皆贮暖室，以火烘之。所谓唐花，又名堂花也。”旧时老北京有过新年亲朋好友互相馈赠堂花的风俗，“牡丹呈艳，金橘垂黄，满座芬芳，温香扑鼻，三春艳冶，尽在一堂，故又谓之堂花也”。由于花市繁荣，丰台附近的居民“向以艺花为业”。

北京中山公园内建于1915年的唐花坞就得名于此，里面蓄养各种名贵花卉和金鱼。这种古老的人为“催花法”，现今通称为“促成栽培”。

第九节 插花

方寸虽小，有容乃大。

胆样银瓶玉样梅，此枝折得未全开。
为怜落莫空山里，唤入诗人几案来。

——南宋杨万里
《昌英知县叔作岁坐上，赋瓶里梅花，时坐上九》

中国古代将焚香、点茶、挂画、插花称为“四艺”。其中，插花艺术已有一千六百多年的历史。2008年，中国“传统插花”艺术被列入国家级非物质文化遗产。

插花艺术始见于南北朝时期的佛前供花,《南史》记载南齐晋安王萧子懋七岁时，其母阮氏病危，于是请僧行道,“献莲华供佛者，众僧以铜罂盛水，渍其茎，欲华不萎”，这是中国插花的最早记载。

隋唐时期，插花从佛前供花发展到宫廷盆栽花和插花。在陕西乾县章怀太子墓出土的唐初壁画上，可以看到宫女手捧瓶花，庭院假山石盆景、盆栽花，反映了唐代宫廷常以花木、山石装点居所。盆景与盆栽，为中国传统园林艺术形式，被人们称为“无声的诗，立体的画”。至迟在8世纪初，中国已经有了盆景与盆栽技艺。

唐代以后，插花艺术在形式和题材上有了很大的提高。每至盛春，南唐后主李煜便命人将宫中的梁栋窗壁、柱拱阶砌，密插莳花观赏，谓之“锦洞天”。五代时，巧匠郭江洲发明了“占景盘”（在铜盘内焊接数十支铜管，以便花材

清代陈书《岁朝丽景图》

| 台北故宫博物院·藏 |

石表寿，加水仙、天竺，为“天仙拱寿”；旁搭百合、柿子、灵芝、苹果，另有“百事如意”“平安如意”等寓意。此图为雍正乙卯（1735）新春上元节供花写生之作，展现了岁首迎新之喜气。将数种花株依高低比例与花色特性交错植栽于盆景，为插花与盆栽艺术的完美结合。

的竖立），大大加强了盘花创作的空间和艺术效果，这是中外插花史上最早固定花材的容器。

晚唐罗虬所著的《花九锡》是中国最早的一部插花著作，记载了插花的九大步骤："重顶帷，障风；金错刀，剪折；甘泉，浸；玉缸，贮；雕文台座，安置；画图；翻曲；美醑，赏；新诗，咏。"对插花所用工具、放置场所、养护水质、几架形状及挂画都有严格规定，还要谱曲、咏诗讴歌，再饮美酒方能尽兴，从而达到视觉、听觉多方面欣赏的效果，插花已经上升为一种对艺术和精神的追求。"九锡"是古代皇帝赏赐诸侯、大臣的九种物器，以这种高贵的礼遇来表达对花的尊崇。宋人陶谷认为只有品级高洁的"兰、蕙、梅、莲"，才配得上"锡"；而"夫容、踯躅、望仙"等"山木野草"，不足以"锡"。

进入宋代，中式插花艺术发展到极盛。北宋文学家欧阳修在《洛阳牡丹记》中写道："洛阳之俗，大抵好花，春时，城中无贵贱皆插花。"北宋温革在《分门琐碎录》中记载了插花技术及注意事项，书中提到牡丹、芍药、蜀葵插瓶，须先烧灼枝条断端令焦，可使瓶花保鲜时间延长，这种经验之谈符合科学原理。火灼既可破坏花茎切口处的植物蛋白，防止蛋白腐败感染；又可直接杀毒灭菌。此外，瓶插牡丹、芍药如花萎蔫，可剪去下截烂处，架于缸上，尽浸枝梗于水，经一夕色鲜如故。冬天兰花瓶易被冻破，可用炉火置于瓶底，则不冻，或用硫黄置瓶内，以防瓶水结冰，这些都反映了当时插花技术所达到的水平。宋代插花受理学思想的影响，以"清""疏"的风格追求线条美，形成以花品、花德寓意，人伦教化的插花形式，对后世影响颇大。在社会人文艺术的影响下，宋代士大夫普遍追求雅致隐逸的生活。宋人吴自牧在《梦粱录》中说，"烧香点茶，挂画插花，四般闲事，不宜累家"，点出了宋代文人雅致生活的"四事"或"四艺"。

明清时期，随着经济的发展和文化的繁荣，插花艺术得到了普及和发展。明代中期插花追求简洁清新，色彩淡雅，疏枝散点，朴实生动，常用如意、灵芝及珊瑚装点插花。清代在继承明代清新淡雅风格的基础上，趋于华丽明艳的宫廷气派，发明了剑山，出现了谐音花、写景花。明清在花道技艺和理论上都

南宋李嵩《花篮图》，绢本设色

| 故宫博物院・藏 |

图中一只编织精巧的竹篮里，盛满了秋葵、栀子、百合、广玉兰、石榴等各色鲜花，折射出繁花似锦、充满朝气的大自然。

形成了系统的体系，还诞生了诸多插花著作，如明代的高濂《遵生八笺》、袁宏道的《瓶史》、张德谦的《瓶花谱》、文震亨的《长物志》，清代的陈淏子《花镜》、沈复的《浮生六记》等。其中袁宏道的《瓶史》最为后世所推崇，阐明了中国传统插花的真谛，“插花不可太繁，亦不可太瘦。多不过二种三种，高低疏密”，“夫花之所谓整齐者，正以参差不伦，意态天然”。此书在日本的一些插花刊物里也时常被引用，日本的宏道流就是据此书理论而创立的。早在唐代，中国的插花艺术随佛教一起传入日本，受到日本朝野僧俗的欢迎。在日本，“花道”也称“华道”。这与中国古代将花称为“华”有关，也证明了日本“花道”源自中国。

第二章 果树植艺

荷尽已无擎雨盖，菊残犹有傲霜枝。
一年好景君须记，最是橙黄橘绿时。

——宋代苏轼《赠刘景文》

中国不仅是果树种质资源丰富的国家，也是世界上果树栽培较古老的国家之一。先秦时期，人们已经根据果树特性和不同的地形、土壤条件，选择适宜的树种。秦汉时期，政府采取激励果园生产的政策和措施，促进了果树栽培规模的扩大。魏晋南北朝时期，已采用分株、压条和扦插方法繁殖果树，嫁接技术已达到相当高的水平。唐末，进一步认识到嫁接亲和力取决于砧木和接穗间的亲和关系。清代发明了有效提高坐果率和品质的果树环切技术。果树生产技术的不断进步，促进了水果培育品种的逐渐增多。

水果品种的不断丰富也得益于自汉代以后三次大规模的引种。水果的引进和交流，不仅极大地丰富了中国的果木种质资源，还带动了经济发展，促进了东西方文化的交流互鉴。

第一节 李 梅 桃

投我以桃，报之以李。

丘中有李，彼留之子。
彼留之子，贻我佩玖。
摽有梅，其实七兮！
求我庶士，迨其吉兮！
园有桃，其实之肴。
心之忧矣，我歌且谣。

——先秦《诗经》

李、梅、桃，都是蔷薇科植物大家族的一员，但分属李属、杏属、桃属木本植物的果实。李、梅、桃都是原产于中国的果树，已有三千多年的栽培历史，是中国人最早食用和栽培的果类。桃、李被列入古代“五果”，梅是最早的食物佐料。不同于李、梅的外观，桃表面有毛茸。

三沃之土宜梅李

殷墟出土的甲骨文中已有“李”字，河北藁城台西村商代遗址也曾出土过郁李或欧李的核仁。中国第一部诗歌总集《诗经》中有“华如桃李”“投我以桃，报之以李”和“摽有梅，顷筐塈之”的诗句，反映了西周初年先民采摘李、梅、桃的情景，可见这三大果类在商周时期都被视为珍贵的果品。

早在周代李已被驯化栽培，而且还总结出适宜其生长的地形和土壤条件，《周礼·考工记》指出丘陵宜“李梅之属”。战国时期《管子·地员》把土壤分为五类，要根据土壤条件因地制宜种植作物。《尔雅》指出：“五沃之土，其

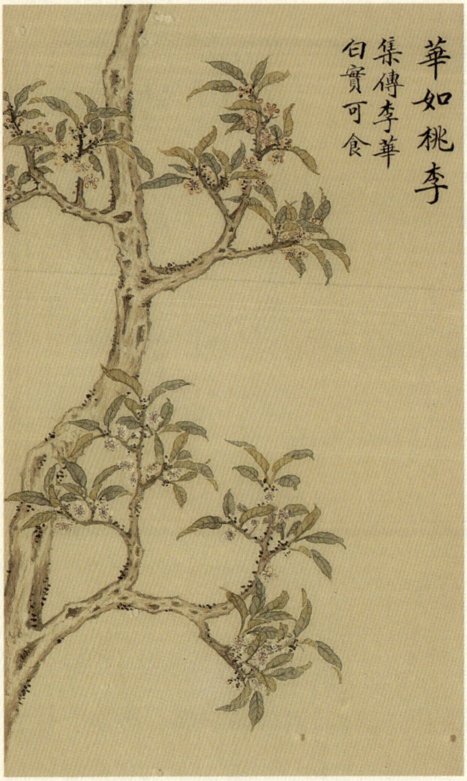

华如桃李·日本江户时代橘国雄《毛诗品物图考》

| 台北故宫博物院·藏 |

木宜梅李。”秦汉时期，李子是当时贵族喜爱的食物。汉代刘歆《西京杂记》记载，汉武帝扩修上林苑的时候，各地进献的“名果异树”中包括紫李、绿李、黄李等十五种李树。当时，李的品种大致有三五个，其中包括有无核品种“休”，麦黄时成熟的品种“座”，果皮呈红色的品种“驳”，另有“郁”和“莫”这两个可能是后世所说“车下李”的品种。晋代郭义恭《广志》中记录有十五个李品种。唐代韦述《两京新记》记载：“东都（洛阳）嘉庆坊有李树，其实甘鲜，为京城之美，故称嘉庆李，今人但言嘉庆子。”这是李子别名“嘉庆子”的由来。到宋代，李子已是“处处有之”的常见果树，仅洛阳一地就有二十七个栽培的李品种。到了明代，已有近百个品种，不同品种间的果实大小、形状、色泽、成熟期等差异颇大。明代王象晋在《群芳谱》总结说：结实“有

红心李和鹅高李·清末广州画坊《各种药材图册》
| 荷兰国立世界文化博物馆·藏 |

离核，合核，无核”；果皮“有红、有紫、有黄、有绿，外青内白，外青内红”；果实“大者如杯如卵，小者如弹如樱”，味道也有甘酸苦涩之分。浙江桐乡“槜（zuì）李”，宁波“金塘李”，福建“胭脂李”，四川“鸡心李”，东北“秋李”，都曾是地方优选出来的著名品种。

嘉兴槜李最解渴

在长期栽培和社会经济的影响下，先后形成了一些李的名产区。春秋时期，嘉兴因出产“槜李”而著称。因此，嘉兴古称“槜李”。相传范蠡送西施去吴，经嘉兴，以槜李解渴，西施纤指一划，从此槜李有一痕。南宋嘉定台州

《赤城志》记：“李有绿李、蜡李、朱李、紫抹李数种。”清末朱彝尊《槜李赋》有“听说西施曾一掐，至今颗颗瓜痕漆”的诗句。槜李是历代贡品，因成熟的果子有种酒香味，俗称“醉李”。槜李最早的文字记载，见于宋代《嘉禾百咏·净相佳李》中的“地重因名果，如分沆瀣浆”。清代嘉兴人王逢辰的《槜李谱》详细记载了槜李的栽培历史、品种特征和栽培管理技术等，其中提到分植和枝接技术，“须俟根下旁生，以石压之。三四年后，细根已出……于腊月中分而植”，“结实之树，二三年都要于春分前后接换枝干”，经过嫁接的果树枝

蜀州李·日本江户时代橘国雄《毛诗品物图考》

| 台北故宫博物院·藏 |

叶繁茂、果实大而味美。槜李这种古老的优良品种至今仍在栽种。

蜜饯李子是古代宫廷常用加工方法，相传北宋欧阳修出使契丹时，契丹皇帝就以蜜渍李子招待。李子中含有多种营养成分，抗氧化剂的含量也很高，堪称是抗衰老、防疾病的“超级水果”。民间“桃养人、杏伤人，李子树下埋死人”的俗话，乃是劝告贪食者不要过量食用，因为李子含有大量果酸，过食确实会加重肠胃负担而引起胃痛。

中国李的适应性极强，在漫长的历史中不断被引种至西方，如福建永泰“芙蓉李”，在七百多年的种植史中，不仅果香丰盈，更在大航海时期开枝散叶，被称为“中国李子”，是真正的“桃李满天下”。现在市场上的加州蜜李、红天鹅绒李等进口李子，多半有中国李的遗传基因。至于西梅，就更神奇了，它是李属之下的“欧洲李”，并不是梅子（蔷薇科梅属）！之所以“梅李不分”，是因为欧洲根本没有梅子，他们管李子叫“plum”，将中国李和中国梅都统称为“plum”。这也难怪“欧洲李”传到中国后，一不小心就变成了“西梅”。

和羹惟盐梅

考古发现，中国先民早在七千年前的新石器时期已经采食梅子，河南新郑裴李岗遗址出土的炭化梅核证明了这点。1975 年，考古人员在安阳殷墟商代铜鼎中发现了梅核，说明早在三千二百多年前梅已被用作食物调料。长沙马王堆汉墓出土的“脯梅”有两千一百五十多年的历史。《夏小正》中有“五月……煮梅”的记载。《诗经・召南》是古代女子借采梅表达爱情的诗歌，“摽有梅，其实七兮。”《尚书・说命下》中有：“若作和羹，尔惟盐梅。”两晋时期训诂学家郭璞注：“古代和羹之梅。”《礼记・内则》中也有“桃诸梅诸卵盐”，意思是：梅像盐一样重要，用它来调和饮食。商周时期，宫廷宴饮不乏肉食，梅里含果酸，不仅可去除肉食的腥气，使之适口；而且可以软化肉组织，助人消化，因此烹饪中少不了盐和梅的调和。古人说“梅者媒也”，意思是说梅子像“媒人”一样，可以和合众味。以上记载说明先秦时期梅树不但普遍存在，而且大量应用于日常生活中。至少在两千五百年前的春秋时期，就已开始引种驯化野梅使之成为家梅“果梅”。

南北朝时期，江南大部分地方已经种植梅子，梅子成为普通人酸味的重要来源。北魏《齐民要术》指出春秋两季适于种植梅树。《望梅止渴》的典故，出现在南朝宋文学家刘义庆的《世说新语·假谲》：“魏武行役，失汲道，军皆渴，乃令曰：‘前有大梅林，饶子，甘酸，可以解渴。’士卒闻之，口皆出水。乘此得及前源。”

梅子·日本江户时代橘国雄《毛诗品物图考》

| 台北故宫博物院·藏 |

唐代宫廷将梅子制成蜜饯，名为“梅煎”。据《新唐书》记载，唐代江西与四川两地所产的梅煎非常有名，是进贡的贡品。日本的食梅文化，也是由唐代东渡僧人传过去的。唐代以后，民间关于梅子的食用方法有了更多的创新。唐代段公路《北户录》记，“岭南之梅，小于江左，居人采之，杂以朱槿花，和盐晒之。梅为槿花所染，其色可爱。又有选大梅，刻镂瓶罐结带之类。取汁渍之，亦甚干脆”，是盐津梅制作的最早记载。明代《金瓶梅词话》第六十七回，“待要说是梅苏丸，里面又有核儿”。明代高濂的《遵生八笺》对“梅苏丸”的制作配方有详解：“乌梅肉二两，干葛六钱，檀香一钱。紫苏叶三钱，炒盐一钱，白糖一斤，上为末。将乌梅肉碾如泥，和料作小丸子用。”明代刘文泰等《本草品汇精要》载：“五月采，将熟大于杏者以百草烟熏至黑色为乌梅，以盐淹暴干者为白梅也。”时至今日，质量较佳的乌梅仍采用熏干方法，闻之有烟熏气。乌梅不仅是常用中药，也是盛夏解暑饮料、果脯蜜饯等的原料。清代酸梅汤已经风行宫闱，特别受乾隆皇帝的喜爱。《燕京岁时记》中记，酸梅汤“以前门九龙斋为京都第一”，用“酸梅合冰糖煮之，调以玫瑰木樨冰水”，饮后“其凉振齿”。

立夏梅雨吃青梅

立夏正是梅子成熟的季节，南宋杨万里在《闲居初夏午睡起》中就这样描写梅子成熟、芭蕉叶绿的初夏风光：“梅子留酸软齿牙，芭蕉分绿与窗纱。日长睡起无情思，闲看儿童捉柳花。”

每年五六月份，中国南方长江中下游地区出现持续天阴有雨的气候现象，此时正是江南梅子黄熟之时，故称其为“梅雨”或“黄梅雨”，诗云“黄梅时节家家雨，青草池塘处处蛙”。《清一统志 · 苏州府一》记载：吾家山“居民以植梅为生，花时一望如雪，香风度十余里”，当地农夫基本上都以种植梅树、茶树、桑树养家糊口，其中梅树的种植要占一半以上，茶叶的种植仅占十分之三，这也是苏州能出产蜜饯梅子的来由。《清嘉录》上有这样一段表

梅·日本江户时代细井徇《诗经名物图解》
| 日本国立国会图书馆藏 |

述，“立夏日，家设樱桃、青梅、穗麦，供神享先”，樱桃、青梅、麦蚕，名曰“立夏见三新”。立夏气温开始升高，梅味酸性平，可生津液，止烦渴。

园有桃　其实可食

甜蜜饱满多汁的桃子，是北方人盛夏的最爱。桃是中国栽培史最古老的果树之一，在河北藁城曾出土商代的栽培桃核，说明中国已有三千多年的栽培历史。《夏小正》有正月“桃始华”；六月“煮桃”的物候记载。《诗经》中“园有桃，其实之肴；园有桃，其实之食”的歌咏，反映先秦时期黄河流域的人们已经在园中栽种桃子。西周时期，桃是重要的祭祀和宴会用品。《周礼·天官冢宰》记载，“馈食之笾其实枣、栗、桃”，用竹编的食器盛满枣、栗、桃来祭祀祖先和款待周王室贵族。《韩非子·外储说左下》也提到，“孔子御坐于鲁哀公，哀公赐之桃与黍”，说明春秋时期，桃仍是一种很贵重的水果。

汉代桃的作用被神化，不仅认为“食之令人知寿”，还认为桃木可避邪，“施门户，以止恶气”。中国最早的医药专著《神农本草经》还记载桃仁、桃

桃·日本江户时代橘国雄《毛诗品物图考》

| 台北故宫博物院·藏 |

花可治病养颜。魏晋时期文学家傅玄专门写有《桃赋》，“华落实结，与时刚柔，既甘且脆，入口消流，亦有冬桃，冷侔冰霜，和神适意，咨口所尝”，赞美了桃子的甜脆汁溢。宋代吴自牧《梦粱录》记载了南宋都城临安，“自初一至端午日，家家买桃、柳、葵、榴、蒲叶、伏道，又并市茭、粽、五色水团、时果、五色瘟纸，当门供养”，无论贫富之家在端午节都要摆些桃、柳枝叶，当令水果以“对时行乐也”。

从先秦《诗经》中“桃之夭夭，灼灼其华”的赞美；汉武帝西巡所食的西王母桃；东晋陶渊明归耕田园的“桃花源”；唐代诗人白居易的“人间四月芳菲尽，山寺桃花始盛开”，崔护的“去年今日此门中，人面桃花相映红”的咏叹；明代吴承恩《西游记》中孙悟空“大闹天宫蟠桃宴”；再到清代戏曲家孔尚任的戏曲《桃花扇》，曹雪芹《红楼梦》中的“黛玉葬花”，桃文化深受中国人的崇尚。

明朝青花人物纹盖罐·四川成都出土

| 四川省博物院·藏　李建萍·摄 |

盖罐图像中有仙女三人，两侧仙女手执羽扇，中间的仙女手捧一盘敬献给王母娘娘的仙桃。

桃之品不可悉数

到了北魏年间，桃树种植第一次出现在农学家贾思勰所著的《齐民要术》中，“桃性易种难栽，若离本土，率多死矣，故须合土掘移之”。明代王象晋在《群芳谱·果部》中这样说：“若四年后用刀自树本竖劙（lí）其皮至生枝处，使胶尽出，则多活数年。”认为桃胶淤塞于树体内影响坐果率，采用纵向划开树皮，以放出胶的方式恢复树势，解决树体早衰问题。对此，现代研究得出的结论正好相反，桃树流胶是受到真菌或细菌的侵染，或者是虫害、表皮损伤而导致的病理现象，流胶不仅会减少桃子的产量，甚至导致整个枝条或桃树枯萎。明代北方桃苗被引种到上海，培育出露香园水蜜桃，成就了南汇水蜜桃的缘起。清代褚华的《水蜜桃谱》详述了上海地区水蜜桃的原产地、农艺性状、繁殖方法、栽培技术和管理措施等。

中国最早记载桃树品种的古籍是《尔雅·释草》，其中记载："旄（máo），冬桃；榹（sì），山桃。"《西京杂记》记载汉武帝时期上林苑中，群臣百官贡献的异果中就有秦桃、榹桃、缃核桃、金城桃、绮蒂桃、柴文桃、霜桃等桃树品种。魏晋以后，北方地区桃的生产有了很大的发展，晋代博物学家郭义恭《广志》记载桃有冬桃、夏白桃、秋白桃、襄桃、秋赤桃等，其中秋赤桃品质甚美。邺城的勾鼻桃，最大可重至二斤半或三斤；洛阳华林园内的"王母桃"十月始熟，形如恬蒌。

随着嫁接和栽培技术的不断提高，桃树品种变异百出，琳琅满目。《齐民要术》中记载的桃树品种有近二十个，宋代周师厚《洛阳花木记》记载仅洛阳一地就有桃树品种三十多个。南宋《嘉泰会稽志》中记："桃之品不一，上原之金桃、御桃、摆核、十月桃，庙山之早绯红桃，湖南之大绯红桃，萧山之水蜜桃、唐家桃、邵黄桃、杏桃、川桃、晚秋桃、孩儿面桃，诸暨乌石之鹰嘴桃，诸家园中有昆仑桃、匾桃、矮桃之类，不可悉数。"王象晋《群芳谱》记桃树品种有四十多个。

根据现代生物基因学测序研究表明，我们现在食用桃子的祖先来自海拔四千五百米青藏高原的光核桃。光核桃又名西藏桃，树体高达十米以上，是世界上海拔最高的多年生木本经济作物。因桃核表面光滑，几乎没有核纹，故名光核桃。高海拔低温低氧的生存环境，塑造了光核桃树顽强的生命力和遗传基因。根据现代田野调查，目前青藏高原还有"超过三十万株光核桃，它们呈野生或半野生状态广布于青藏高原的不同生态的海拔梯度"，有的树龄高达千年以上。当地人常采集光核桃的种子，用来榨油食用。几个世纪以来，选择性育种已使桃子变大到原来的几倍，核缩小了一倍。而据推测，原来桃子大小不超过樱桃，甜味只和扁豆的味道更相当。随着上千年的驯化和培育，原本十分苦涩的桃子果实，逐渐变得多肉、多汁，口感越来越好。

蜀汉托盘献食陶俑·重庆忠县出土

| 四川省博物院·藏　李建萍·摄 |

图中陶俑头戴簪花，面容姣好，托盘里盛满桃子、石榴形状的水果，可见当时物产之丰富，职业分工之精细。

中国桃芬芳天下

在过去相当长的一段时间内，某些西方学者根据语言学的推理和在“中国未见到野生桃树”的猜想，做出了“桃树起源于波斯并从那里传播到欧洲”的结论。因而给桃子起的名字叫“Persic”，意思就是“波斯果”。桃树的拉丁学名也由此衍生而来。更有甚者，将起源于中国的桃树说成是古代从波斯引进来的。1882年，瑞士植物历史学家德·康多尔经过认真考证，在《农艺植物考源》书中指出：“中国之有桃树，其时代数希腊、罗马及梵语民族之有桃犹早千年以上。中国通西域之路开辟极早，则以桃核越山度岭而传入克什米尔、不花剌及波斯诸国自属可能的事，推测其为时当在梵语民族迁移与波斯、希腊交通往还时代之间。”

进化论创始人达尔文进一步指出：根据桃在更早时期不是从波斯传过来的事实，并且根据它没有道地的梵文名字或希伯来名字，相信它不是原产于亚洲西部，而是来自中国。达尔文还研究了中国的水蜜桃、重瓣花桃、蟠桃等的生育特性，并与英国、法国产的桃树的特性相比较，认为欧洲桃都来源于中国桃的血缘。如今，桃树原产于中国的论断，已为世界学者一致公认。

公元前 2 世纪张骞凿空西域后，中国桃沿着“丝绸之路”从甘肃、新疆由中亚向西传播到波斯，又经波斯流入希腊、罗马帝国，继而进入欧洲。这也是为什么欧洲人给桃取名“波斯果”的原因，桃树的拉丁学名也由此而来。但直至 9 世纪，欧洲种植桃树才逐渐多起来。15 世纪后，中国的桃树引种到了英国。哥伦布发现新大陆后，桃树随欧洲移民进入美洲。20 世纪初期，美国从中国引进四百五十多个优良桃树品种，通过杂交和嫁接技术，使美国发展成世界上较大的桃果生产国之一。苏联和美国还利用中国的山桃、甘肃桃培育出抗寒、抗旱品种。

印度的桃树也是从中国引种的，唐僧玄奘《大唐西域记》中就有桃树引入印度的记载：1 世纪，司气特国王迦拟色加当政时，中国甘肃一带部族的商人将中国丝绸和桃带到了印度。在印度梵文中至今仍称桃为“cinani”，意为“秦地特来”，也就是自中国而来。1876 年，日本冈山县园艺场从上海、天津引进水蜜桃树苗，现在冈山县已是日本著名的桃乡。中国对世界桃的贡献与影响是巨大的，如上海水蜜桃的输出，改变了世界桃的品种组成，提高了桃的果实品质，增强了桃的抗病性。据统计，起源于中国的桃树品种可达上千个。

桃子 · 日本江户时代橘国雄《毛诗品物图考》

| 台北故宫博物院 · 藏 |

日本镰仓时期《玄奘取经图》

| 东京国立博物馆·藏 |

第二节 枣

四月南风大麦黄，枣花未落桐叶长。

八月剥枣，十月获稻。为此春酒，以介眉寿。

——先秦《诗经·豳风·七月》

枣，鼠李科枣属多年生落叶小乔木，原产中国，是中国古代重要的果品，与桃、李、杏、栗并称为“五果”，是口感和营养俱佳的美果，现在仍是中国第一大干果。中国是世界上最大的红枣生产国，全世界 98% 的红枣都产自中国。

枣生长于海拔 1700 米以下的山区、丘陵或平原。亚洲、欧洲和美洲也有栽培，都是在不同历史时期，从中国传过去的。1 世纪，中国大枣经叙利亚传入地中海沿岸和西欧；9 世纪中国唐代时，被引入日本；19 世纪，引入叙利亚和北美。

八千年前新郑人已食枣

1972 年，考古人员在河南新郑裴李岗文化遗址中发现了一枚炭化枣核。经鉴定，这枚枣核距今已经有八千年的历史，由此证明黄河中下游地区是枣的发源地。不仅在华北地区，在甘肃等地也依然有很多酸枣树。

距今三千年前，黄河中下游地区开始种植枣树。先秦《诗经·豳风·七月》中有“八月剥枣，十月获稻”，记录了西周初年豳地（今陕西旬邑县西南一带）八月打枣的情形。《诗经·邶风·凯风》中有“凯风自南，吹彼棘心，……吹彼棘薪”的记载。在古代，“棘”为有刺的酸枣；“荆”为无刺的荆条，棘、荆野外混生，人们常用“荆棘丛生”来比喻前进道路阻碍重重。《诗经》中《魏风》《陈风》《秦风》《曹风》等篇也都有关于“棘”的歌咏，可见先秦时期，黄河中下游地区先民采食酸枣果已很普遍。

先秦时期，枣被视为珍果，只有祭祀和贵族宴饮时才得以飨用。《周礼·天官》有“馈食之笾，其实枣、栗、桃、榛实”的记载。周礼规定，在觐

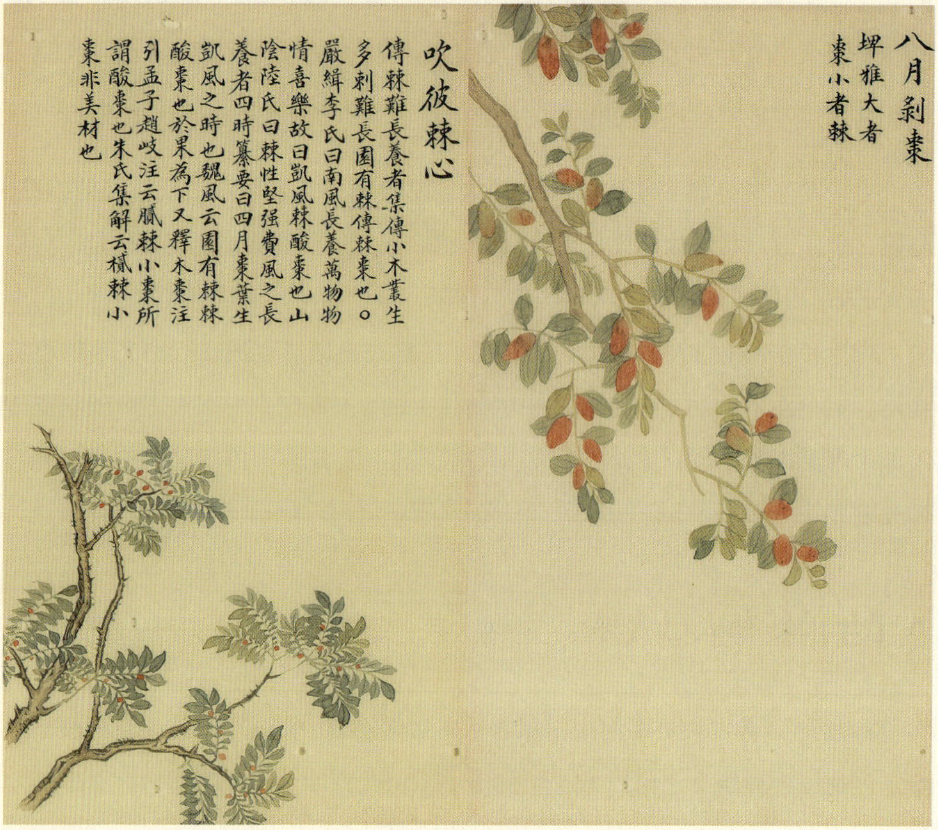

吹彼棘心和八月剥枣·日本江户时代橘国雄《毛诗品物图考》

| 台北故宫博物院·藏 |

献给王的竹器笾中盛满枣、栗、桃等果实。汉代承袭周代的礼仪，朝廷礼仪、聘礼、婚礼及新妇回门都以枣、栗为礼进行馈送。《礼记》记载：“子事父母，妇事舅姑，枣栗饴蜜以甘之。”

枣利足于民

《战国策》记载：战国时期著名的谋略家苏秦为游说六国“合纵”抗秦，对燕文侯说：“北有枣栗之利，民虽不佃作，枣栗之实，足食于民矣，此所谓天府也。”燕国盛产枣栗，乃天府之国，有了“枣栗之利”，百姓足以衣食无忧。燕文侯遂赞助苏秦以车马、黄金、绢帛，让其游说六国。

先秦时期，耐旱耐碱的枣树、栗树，成为老百姓灾年饥荒时的“铁杆庄稼”。《尔雅・释天》曰：“谷不熟为饥，蔬不熟为馑，果不熟为荒，仍饥为荐。”《韩非子・外储说右下》记“令发五苑之蓏、蔬、枣、栗，足以活民”，记载了秦国饥荒时用枣栗救民的故事。

秦汉以后，历代政府都鼓励百姓种植枣树，发展经济保障民生。枣树种植已成为黄河中下游地区重要的经济来源。《史记・货殖列传》中有“安邑千树枣”，记载了安邑（今山西夏县、运城一带）大量种植枣树获得可观的经济利益，成为著名的枣产区。由于枣树对于经济的特殊重要性，古代甚至以“桑枣”代指农田种粮以外的农民副业。《魏书》有“军之所行，不得伤民桑枣”；《新唐书》有“师所过，不敢伐桑枣”，皆规定兵卒不得损坏枣树，可见枣对古代民生的重要性。

自北魏至隋唐，“均田制”规定受田民户要种植一定数量的枣及其他杂树果木。三国杜恕论翼州（今河南安阳），“户口最多，田多垦辟，桑枣之饶”。唐代规定：“户内永业田，课植枣各十根以上。”元代规定：“每丁岁种桑枣株……，其数亦如之种杂果者，每丁株，皆以生成为数，愿多种者听。”规定每个成年男丁每年都要栽种枣树，对枣树的成活率也有严格要求。明代政府命户部教全国百姓多种枣树，要求每户百姓一年种枣百株，逐年增加栽种数量，并要造册上报。这种带有强制性的全民植枣树活动，无疑大大促进了枣果经济的发展。

枣子与起源于西北地区的栗子，在古代北方农业生产中具有重要意义，它们一直是华北地区重要的“木本粮食”。诗词“霜天赤枣收几斛，剥食可当江南粳”，反映了中国民间一直视枣为与粮食有同等价值的重要作物。

枣不打不结果

早在战国时期，人们就认识到不同的土壤、不同的地势，适宜栽培不同的果树。枣树耐寒耐旱，枣园宜建在不易栽培大田作物的起伏不平的山岗地。早期栽培枣主要采用实生苗繁殖法，“选（枣）好味者，留栽之，候枣叶始生而移之”。宋代用嫁接法种植枣，通过种子播种培养砧木，再嫁接该品种的接穗，嫁接时间宜选在春季。明代邝璠《便民图纂》详细记载了枣的分株繁殖技术，“将根上春间发起小条移栽，俟干如酒盅大，三月终，以生子树贴接之，则结子繁而大”。宋代《格物粗谈》和清代《花镜》都强调了枣树的防雾技术和措施，一种是用苘（qǐng）麻和秸穰绑在树冠上防雾；一种是在树下堆草焚烧以避雾气，通过防雾处理，防止得枣锈病。

大枣·日本江户时代橘国雄《毛诗品物图考》

｜台北故宫博物院·藏｜

北魏时期黄河流域发明了“嫁枣”技术，是枣树栽培史上

嫁枣

| 王宪明 · 绘 |

用棍敲击树枝，振落多余花蕾，有利于提高枣树坐果率。用斧背击打破坏树干韧皮，阻碍了养分向枝叶输送，使之集中供给果实的生长发育，提高坐果率。

一项重要的发明创造。《齐民要术·种枣》记载："正月一日日出时，反斧斑驳椎之，名曰'嫁枣'。不斧则花而无实，斫则子萎而落也。候大蚕入簇，以杖击枝间，振去狂花。不打花繁，不果不成。"传统"嫁枣术"类似于现代果树生产的人工疏花技术，其技术本身蕴藏着丰富、深奥的人工控制和调节果树营养物质调运的机理，与"叶片生产的光合作用产物是通过韧皮部组织运输到根部"的现代植物生理学原理是一致的。

河南新郑有着八千年的食枣史，被誉为"中国红枣之乡"，至今仍保留着"嫁枣"的生产习俗。每到夏至前后枣树的盛花期，当地民众就会用斧子在枣树的腰间磕打出深浅不一的刀印子，当地人俗称"砑枣"。老枣农说：砑枣是个技术活，既要稳、准，又要用力得当，不损伤枣树的主树干。砑枣技艺是新郑历经数千年保留下来的传统农业智慧，2015 年被列为省级非物质文化遗产。

到清代，枣树种植技术在"嫁枣"基础上又有质的飞跃。聊斋先生蒲松龄在《农桑经残稿》中记载："用利刃削去根上尺许处、宽度 1 寸左右的一圈树皮，然后用草苫捆起来，以防太阳曝晒和害虫咬吮，则'次年人旺'。"蒲松龄在书中记录的这种操作技术与 1679 年意大利学者马尔·比节在显微镜下所做的环割试验方法十分相似，它实际上是现代果树栽培学上的"环状剥皮技术"，这种技术可有效提高坐果率和果实品质，是现在世界各国果树栽培业的一项常规技术。但令人难以想象的是，清代山东地区的果农在没有任何科学仪器设备辅助的情况下，凭借自己积累的农业知识和经验完成了这波操作技术，这令人由衷地赞叹中国古代农民在果树种植方面的高超技艺和智慧！

得益于历代果农高超的种植技术和精心培育，中国的枣树品种越来越丰富。《尔雅·释木》记载周代有壶枣、边要枣、白枣、酸枣、齐枣、羊枣、填枣、无实枣等十一个枣品种，其中还有胚退化的无核枣。晋代郭义恭《广志》记载有河东安邑枣、东郡谷城紫枣、西王母枣、河内汲郡枣、东海蒸枣、洛阳夏白枣等二十多个地方名品。元代柳贯《打枣谱》记录的枣品种多达七十二个。清代吴其濬《植物名实图考》记载的枣品种已达八十七种。现在，中国有大枣品种七百多个，枣树仍是重要的经济果木。

宋代《宋人扑枣图》

| 台北故宫博物院·藏 |

图中院角的枣树结实累累，小孩群来攀扯，枝丫不停晃动，粒粒枣子摇落满地，有的牵起衣角，有的捧着盘子拾取，又玩又吃，兴高采烈之情跃然画上。

日食三枣不显老

大枣的加工食用方法很多，有干枣、枣脯、牙枣、乌枣、蜜枣、醉枣、枣醋、枣酒等。在神话传说中，红枣是益寿延年的仙药，《神农本草经》将枣列为上品药，有“补中益气、悦颜色”的功效。宋代孙光宪《北梦锁言》记有一个流传故事，“河中永乐县出枣，世传得枣无核者可度世。里有苏氏女获而食之，不食五谷，年五十嫁，颜如处子”，说苏氏女终年吃枣而容颜不老，年五十还犹如少女一般。这个故事虽然有些离奇，但并非无稽之谈。大枣富含维生素C、维生素P，磷和钙的含量比一般的果品高数倍。民间有“日食三颗枣，百岁不显老”之说。

枣花是重要的蜜源，枣蜜是营养价值较高的蜂蜜，还是小满节气的花信风。枣木是制作木雕、印章、家具、船舶、乐器的极好材料。“枣”与“早”谐音，在民间婚俗中，人们常将大枣、花生撒在新人洞房的床铺上，寓意“早生贵子”，祈愿子嗣绵延兴旺。枣子花小色浅，却能长出艳丽的果实。古代为劝勉官员勤政为民，县衙的厅堂前常栽枣树四棵，寓意“莫嫌位卑，早起勤政，必有硕果”。

第三节 梨 栗

通子垂九龄，但觅梨和栗。

真定之梨，故安之栗。醇酎中山，流湎千日。

——西晋左思《三都赋》

梨与栗是两种在中国有着悠久历史与文化的果类，古人谓梨为“百果之宗”，栗为“千果之王”。

梨，蔷薇科梨属落叶乔木。中国是梨属植物的发源地之一，世界梨属植物有三十五种，原产中国的有十三种之多。中国梨属植物起源于西南山区，随着人类活动，形成黄河流域（包括东北地区）、长江流域和南部地区三个原产中心地带。别名甘棠、樣、杜、樆、椁等。

栗，壳斗科栗属落叶乔木。原产于中国海拔 370 ~ 2800 米的山地。别名板栗、锥栗、萃栗、茅栗、山栗、楔栗等。

“梨花淡白柳深青，柳絮飞时花满城”，梨花是清明节气的花信风。

“曹坊山上栗花香，俏不争春花鹅黄”，栗花是立夏节气的花信风。

北有千树之利

甲骨文“栗”字像“一棵树上结满带刺的果实”。古人食栗及栽培栗树的历史，可以追溯到有巢氏避树栖身的年代，“古者禽兽多而人少，于是民皆巢居以避之，昼拾橡栗，暮栖木上”。《诗经》中有“隰有栗”“树之榛栗”“东门之栗”的记载。

中国人吃梨种梨已有三千多年的历史，在湖北荆门、湖南长沙马王堆、新疆吐鲁番均有不同时期的梨干、梨核出土。《诗经》中有“有杕（dì）之杜，生于道左”“蔽芾甘棠，勿翦勿伐”“山有苞棣，隰有树檖”的记载，杜和甘棠是生长在长江以北的野梨，檖是一种驯化程度较低的栽培梨。

从以上记载可知，长江北岸汉水流域、黄河流域是最早种植梨树、栗树的地方。

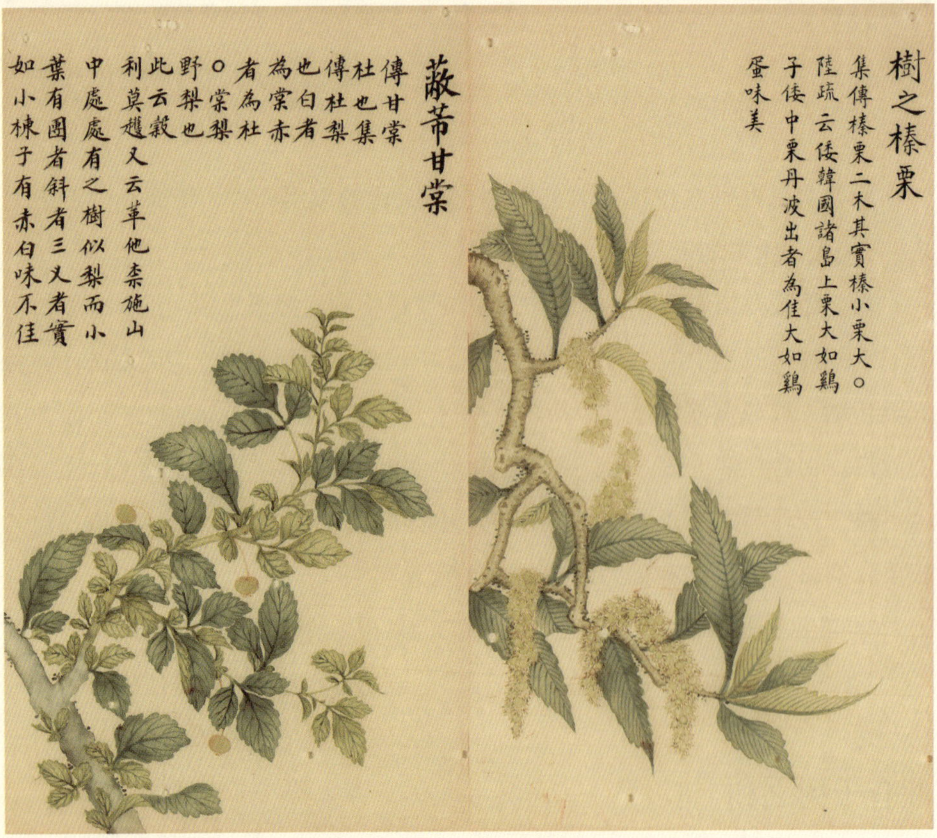

蔽芾甘棠和树之榛栗·日本江户时代橘国雄《毛诗品物图考》

｜台北故宫博物院·藏｜

秦汉以后，梨和栗在全国各地的栽培有了很大发展，成为富民的重要产业。《吕氏春秋》中说“果之美者，江浦之橘，箕山之栗”，说明古代黄河流域及华北平原广大地区都有栗树种植，栗果成为人民生活中的重要食物。《史记》记有：“淮北荥南河济之间，千树梨；燕、秦千树栗，……其人与千户侯等。”汉代家有千树梨、千树栗，其家财堪比千户侯，可见梨树、栗树规模种植产生的经济效益之大。

汉与魏晋之际，梨树栽培、繁育技术有了长足进步，北方黄河中下游及其支流地区的陕西关中，山西上党，河南洛阳、商丘、登封、灵宝，河北正定、平乡，山东巨野、临淄一带成为著名的梨产区。《广志》记有“（陕西）弘农、京兆、石扶风郡界诸谷中”“（河南）洛阳北邙山”等，都盛栽梨树。西晋文学家左思《三都赋》赞曰，“真定之梨，故安之栗”，产自河北真定（今河北正定）的梨和故安（今河北固安）的栗子，都是知名的特产。东晋文学家陶渊明在《责子》诗中有“通子垂九龄，但觅梨与栗”，嗔怪性情顽劣的两个儿子只知上树摘梨打栗，而忽视了学业。从这些文献中的记述，可见当时梨树、栗树种植不仅已具规模化，而且庭院栽种也很普遍。

唐宋时期，梨树栽培区域进一步扩大，通过丝绸之路向西传播至西夏、吐蕃及西域一带，通过华北平原向北传入当时东北的辽、金等地。元明清时期，东北地区尤其是河北东北部燕山山脉和辽宁等地成为梨的主要产地，可谓“汤阴石榴砀山梨，新郑小枣甜似蜜”。

中国古代农业灾害频繁，因此历代政府都实行荒政政策。自秦代始，就将耐寒、耐旱的栗子视为救荒木本粮食。战国时期秦昭襄王当政期间，发生大饥荒，宫苑中种植的栗子赈济灾民。栗子不仅是百姓灾荒时的“救命粮”，还充作军粮和税赋之用。《清异录》记：“晋王尝穷追汴师，粮运不继，蒸栗以食，军中遂呼栗为河东饭”。唐末晋王李克用率兵行至山西西南，粮运不济，蒸野生板栗补给。故栗子有“河东饭”之称。

中国历朝都鼓励农户种植栗树。从秦汉到隋唐，栗以燕赵地区和关中一带出产最多，且品质最好，是中国古代两个最大的产区。辽代在京津地区不仅建

毛栗子·日本江户时代细井徇《诗经名物图解》

| 日本国立国会图书馆·藏 |

立了大规模的栗园，而且还设有官员专门掌管栗园。唐宋以后，栗树生产逐步向集约化生产发展，一方面在陕西、河北等地建立了许多规模较大的官营栗园；另一方面在北方各地的大地主、寺庙主也都建有栗园。如位于北京丰台王佐镇瓦窑村南、栗园村北的庆寿寺下院塔林，“有栗园规模计千余顷”，成为金、元时期庞大的栗园，其面积之大，栗树之多，在中国果树发展史上实属罕见。明代李时珍根据栗的形状，给予栗各种称谓：“栗之大者为板栗，中心扁子为栗楔；稍小者为山栗，山栗之圆而末尖者为锥栗；圆小为橡子者为莘栗，小如指顶者为茅栗。”明代正德元年设置的昌平州地域包括现在北京市昌平、密云、怀柔等地。乾隆时期的《直省志书·昌平州》记载：“物产栗有板、锥、莘、茅山、楔六种。”

梨、栗，树艺有术

古代劳动人民在生产实践中认识到：野生梨树自交不能亲和，自花不结

棠梨·清末广州画坊《各种药材图册》

| 荷兰国立世界文化博物院·藏 |

实，实生繁殖导致梨后代遗传分离，出现变劣退化现象。《齐民要术》中指出：“若穞生及种而不栽者，则著子迟。每梨有十许子，唯二子生梨，余皆生杜。”就是说野生梨树和实生苗不及时移树，结果会很迟。每一个梨有十多粒种子，只有两粒种子能长成梨树，其余的都长成了不能着果的杜树，因此梨树采用嫁接繁殖。这种理论可能是世界上关于有性繁殖导致遗传分离的最早记录，至今在科学研究上仍有重要意义。

《齐民要术》记载：嫁接法可以使梨树结果比实生苗早，而且梨肉细腻。操作时不要损伤青皮，还要让梨的木部对着杜梨的木部，梨的青皮靠着杜梨的青皮。这样做是合乎科学道理的，因为接木成活的关键在于砧木和接穗切面上的形成层要密切吻合。贾思勰对棠、杜、桑、枣、石榴五种砧木进行比较，认为选棠梨或杜梨做砧木，则结的果实大且肉质细。现代植物分类学也印证了这一论述的正确：梨与棠、杜属于同科同属不同种植物，而与桑、枣、石榴则完全是不同科属的植物，自然是远缘嫁接亲和力差、成活率低。古代先民虽然不懂得这些科学知识，但在实践中已经把握了植物的生长习性和规律。梨树嫁接技术是最能体现中国古代园艺技术的一项发明，这项技术与罗马人嫁接苹果技术一样有同样重要的意义，在世界果树历史上留下重要的一笔。

《齐民要术》也记载了栗树的种植技术，留种“埋必须深，勿令冻彻。……至春二月，悉芽生，出而种之”，强调栗树的种子不能风吹日晒，类似于现在的室内沙藏法和催芽法。育苗用种应从早实、丰产、生长健壮的盛果期优良单株上采集，并且应注意选择成熟、粒大、种仁充实饱满的种子。板栗嫁接繁殖对砧木种类要求严格，只有板栗及与板栗亲缘关系最近的野板栗可用做砧木。板栗嫁接，不仅有利于板栗提早结果，还增强了栗树对病虫害和自然条件的抗性。在秋冬水分蒸发少的季节修剪板栗的枯枝，有利于栗树来年生长。

在古代劳动人民的精心培育下，梨树、栗树不仅迅速栽遍祖国各地，而且还培育出许多独具风味，各有特色的优良品种。晋代长江流域出产的优质梨见诸史料，《广志》中说，“张公夏梨，味甚甜，海内唯有一株”，“上党椁梨，小而甘”，“广都梨重六斤，数人分食之”。又如《魏文帝诏》曰，“真定御梨，大如拳，甘如蜜，脆如菱”。5 世纪，已培育出紫梨、芳梨、青梨、大谷梨、细叶梨、金叶梨、缥叶梨、瀚海梨、东王梨和紫条梨十个优良品种。

唐宋时期，梨树的新品种更是层出不穷。宋代周师厚《洛阳花木记》记载洛阳有雨梨、浊梨、穰梨、车宝梨、红鹅梨、敷鹅梨、红肖梨、秦王掐消梨、蜜指梨、清沙烂等 27 个梨品种。北宋苏颂在《本草图经》一书也记载了当时北方盛产的 11 个梨品种。其中特别提出：“鹅梨，河之南北州郡皆有之，皮薄而浆，味差短于乳梨，香过之。”明代医药学家李时珍在《本草纲目》中认为：“好梨多产于北土……昔人言梨，皆以常山真定、山阳钜野、梁国睢阳、齐国临淄、巨鹿、弘农、京兆、邺都、洛阳为称。”他认为产自河北、山东、河南、陕西的梨最好。

病虫害是造成果树减产的大敌，为预防蜂、虫叮食梨果，宋朝人发明了水果套袋方法。套袋所用的材料有油纸、箬竹叶、粽叶等。现在，水果套袋技术已经是果园中一种比较常见的病虫害预防措施。

中国是世界上栽培梨的三大起源中心（中国、中亚和近东地区）之一。经

梨和栗子·日本江户时代橘国雄《毛诗品物图考》
| 台北故宫博物院·藏 |

过几千年的驯化、培育和选择，梨的栽培品种不断出现。据统计：现在我国已有三千五百多个梨品种，是世界第一产梨大国，年产量有一千九百多万吨，占世界总产量的七成以上。砀山酥梨、鸭梨、香梨、南果梨等传统品种的种植比例占到六成以上。而板栗在中国已有三百多个品种。

山栗炮燔疗夜饥

窖藏是现在北方梨产区应用较普遍的梨果贮藏方法，此法早在《齐民要术》中已有记载。古代梨果的加工方法有梨菹、梨糁、梨脯、梨膏、梨干等。

清代后期，一些地方生产的梨干还出口到国外。梨果具有润肺、消痰、清热、解毒的药用价值。梨木细腻坚硬，是古代制作雕版印刷的材料。

自然成熟的板栗一般不易腐变，不成熟的反而容易变质。对此李时珍在《本草纲目》中说："其苞自裂而子坠者，乃可久藏，苞未裂者易腐也。"糖炒板栗，是北方人冬季最爱吃的小吃。据美食家陆游在《老学庵笔记》中的记载，北宋时期汴京（今河南开封）有一个叫李和的人有炒栗的绝技，"名闻四方，他人百计效之，终不可及"。陆游更是写下了食栗的感觉，"齿根浮动叹吾衰，山栗炮燔疗夜饥。唤起少年京辇梦，和宁门外早朝来"。旧时在京津一带，冬日三更夜里常有卖栗子的小商贩在门前高喊"灌香糖"，甘甜香气扑鼻的糖炒栗子让寒夜里的人既饱腹，又增加了几丝温暖。

没有中断的交流

梨的种质资源较为丰富，但是由于其表现出典型的自交不亲和性，品种资源间存在广泛的遗传基因交流和重组。2018 年，南京农业大学张绍铃研究团队揭示了梨起源于中国的西南部，传播到中亚地区，后到达亚洲西部和欧洲，并经过独立驯化形成了现在的亚洲梨和西洋梨两大种群。该研究成果还发现了亚洲梨与西洋梨曾经发生过种间杂交，从而形成了一个新的栽培品种——新疆梨，该种间杂交种的形成与两千多年前丝绸之路的文化交流有关。库尔勒香梨就是两千多年前，亚洲梨和西洋梨杂交的产物。汉代刘歆在《西京杂记》中记载："瀚海梨，出瀚海北，耐寒不枯。"瀚海梨，指的可能就是古代西域的库尔勒香梨。香梨最大的特点不是香，而是酥甜。

唐代时，随着丝绸之路的兴盛，中国梨走出了国门。据《大唐西域记》记载，印度人非常喜欢这种又香又甜又脆的水果，把梨叫作"至那罗

阁弗咀逻”，翻译为汉语就是“汉王子”。到13世纪中国南宋时期，中国的砂梨、豆梨被引入印度，之后又引入美国、日本、欧洲。砂梨主要用于栽培，豆梨用作梨的抗病育种的种树。砂梨和豆梨在美洲试栽后，发现对梨的火疫病有高度抵抗力。

秋子梨引入苏联后，米丘林曾利用其育成了米丘林·冬熟·布瑞梨抗寒品种。欧洲引入杜梨后，试作西洋梨的砧木，有抗寒、耐旱、适应性强等特点。1870年前后，美国传教士倪氏自美国将原产于地中海沿岸至小亚细亚的亚热带地区的西洋梨带入山东烟台种植，之后在各地得到传播种植。19世纪以来，中国梨虽然多次以接穗或苗木传到欧美各地，但终因食用习惯的原因，一直未能在当地推广发展，仅作为观赏花木而已。

辽代壁画中的板栗·河北张家口宣化张文藻墓葬出土

1993年，考古人员在河北张家口宣化下八里村发现辽代张文藻墓，墓室酒桌上盛放着梨、葡萄、板栗等水果和干果。虽历经千年，碗中板栗仍像刚出炉时一样油亮。

卖沙梨·清末广州画坊《各种药材图册》

| 荷兰国立世界文化博物馆·藏 |

第四节 枇杷

淮山侧畔楚江阴，五月枇杷正满林。

琉璃叶底黄金簇，纤手拈来嗅清馥。

可人风味少人知，把尽春风夏作熟。

——南宋周必大《枇杷》

枇杷，蔷薇科枇杷属常绿乔木果实。枇杷原产于中国，是中国传统的热带名果，有两千多年的种植历史。在川西贡嘎山发现枇杷野生群落，研究确认贡嘎山大相岭以南的石棉一带是枇杷起源中心。枇杷别名芦橘、芦枝、金丸、蜜丸、蜡丸等。

“小满枇杷半坡黄，摘尽枇杷一树金”，当黄澄澄的枇杷挂满枝头的时候，是小满节气到来的物候。枇杷不仅酸甜可口，还具有润肺止咳的作用，因其神奇功效被誉为“珍果之物”。

春惟枇杷　夏则林檎

汉武帝建造上林苑，曾将“枇杷橪柿，亭柰厚朴，楟枣杨梅，樱桃蒲陶”等大量果树种植于宫苑，“罗乎后宫，列乎北园”。据汉代刘歆《西京杂记》记载：有大臣从四川夹江运来贡物十株枇杷树，作为异果珍树种植在上林苑。西汉才女卓文君在写给司马相如的《怨郎诗》中倾诉二人一朝别后，“四月枇杷未

眉州枇杷·日本江户时代橘国雄《毛诗品物图考》

| 台北故宫博物院·藏 |

黄，我欲对镜心意乱”的诗句，侧证四川是古老的枇杷之乡。

西晋时期，今四川夹江、宜宾，湖北枝城及广州等地都以出产枇杷著名。西晋左思的《蜀都赋》记载了蜀地“林檎枇杷，橙柿梬楟”，果类资源非常丰富。郭义恭在《广志》中说，“枇杷出南安、犍为、宜都”，南安即今四川乐山，犍为即今四川宜宾西北部，宜都即今湖北宜昌一带，说明川西和鄂西是当时重要的枇杷产区。《广志》还记有“枇杷易种，叶微似栗，冬花春实。其子簇结有毛，四月熟。大者如鸡子，小者如龙眼，白者为上，黄者次之。无核者名焦子，出广州”，记载了南方已有大如鸡卵和黄、白肉的品种，甚至出现无核的“焦子”。南朝谢灵运《七济》云：“朝食既毕，摘果堂阴。春惟枇杷，夏则林檎。”说明当时建康（今江苏南京）也有了枇杷。南朝梁散骑侍郎、给事中周兴嗣《千字文》中有“枇杷晚翠，梧桐蚤凋”的描述，意思是枇杷耐寒，不会因霜冻的摧折而凋萎。

2009 年，中国园艺学会与华中农业大学、西南大学等院校和科研机构的专家学者在大渡河中游的石棉县发现了栎叶野生枇杷资源种。其实早在 20 世纪 60 年代初，原华中农学院章恢志教授在川西贡嘎山石棉境内的南桠河畔就发现了成片的栎叶枇杷和枇杷野生群落，提出了“大相岭以南的石棉一带可能是枇杷起源中心”的观点。近年来的资源调查发现，石棉野生枇杷共计一万六千余株，其中百年以上的古树一百五十余株，主要分布在大渡河和南桠河两岸海拔 780 ~ 1700 米的区域范围内。野生枇杷分为大渡河枇杷、栎叶枇杷、本地枇杷三个品种，分布于全县十四个乡镇。资源调查再一次确定了石棉县是“世界枇杷原产中心和栽培种原产地”。

经过川人的驯化与栽培，枇杷沿长江东进，在贵州、湖南、湖北、江西、安徽、江浙等地陆续扎根，然后南下至两广、福建等地，并以江南、华南为根据地，传到日本、巴基斯坦、土耳其、西班牙等地。

子大如弹丸

隋唐时期，枇杷已广植大江南北，栽培北界已到达今陕西南郑，种植、加工、贮运技术已相当成熟。唐代大诗人白居易有“淮山侧畔楚江阴，五月枇杷正满林”的诗句，描述了初夏时节长江流域枇杷成熟的盛景。北宋时，枇杷种植扩展到长江下游，苏州太湖洞庭山和杭州产区开始形成。宋代陶谷在《清异录》中称:“襄汉吴蜀闽岭江西湖南北皆有。”

据史书记载，塘栖（今浙江杭州北）早在隋代开始种植枇杷，到唐代被列为贡品。《新唐书》中有“余杭郡岁贡枇杷”的记载。塘栖在明清时期就是江南名镇，以软条白沙枇杷闻名江南。清光绪《塘栖志》中记载,“四五月时，金弹累累，各村皆是，筠筐千百，远返苏沪，岭南荔枝无以过之”，其贩运销售规模连岭南荔枝都比不上它。李时珍在《本草纲目》中记述:“塘栖产枇杷胜于他处，白为上，黄次之。”软条白沙是枇杷中含糖量最高的一种，杭州人送外号“软刁”，被誉为“枇杷中的极品”。塘栖现有十八个品种，以软条白沙、大红袍、夹脚、杨墩、宝珠为最。

洞庭枇杷，始栽自唐代晚期，分布于洞庭东、西山两地。当年吴船入贡，诗人喻为“黄金弹丸”。明代王世懋《学圃杂疏》就记有“枇杷出东洞庭者大”的评述。清末，西山秉常村人谢方友在野生枇杷的基础上培育了西山的青种枇杷，果实成熟时蒂部仍呈青绿色，是为“青种”。东山则盛产白玉枇杷，自宋代至清康熙年间，就有金罐、银罐白玉名种，被誉为“金银蜜罐”。1983 年，由高级农艺师章鹤寿从东山村实生品种枇杷，选育出了更优的“冠玉”品种。现在洞庭山地区主要以白沙枇杷为主，品种约有三十余种，资源非常丰富。在东山，果农将枇杷与碧螺春茶树间植，果树与茶树间相互影响，茶有果味，果染茶香。春茶采完过一月，枇杷便开始陆续成熟上市。

关于枇杷的栽培，历史上都认为“枇杷易种”，所以史籍上记载不多。如王世懋在《学圃杂疏》中说：“盖他果须接乃生，独此果直种之，亦能生也。”陆游也有诗曰：“无核枇杷接亦生。”陆游曾累种杨梅皆不成，种枇杷树一株乃结实而作诗：“杨梅空有树团团，却是枇杷解满盘。”枇杷用嫁接繁殖可能早在宋代以前，并认为嫁接后的枇杷品质较优。北宋孔平仲《谈苑》曰：“枇杷须接，乃为佳果。一接核小如丁香荔枝，再接遂无核也。”此外，《物类相感志》中说：“枇杷不宜粪。”意思是枇杷根浅，用浓肥和未腐熟的粪便，容易引起烂根。各地老果农也都有此经验，枇杷喜磷、钾灰肥，是符合科学道理的。

根据果实肉色，枇杷分白沙和红沙两大品系，白沙指的是白肉和黄肉的枇杷品种，红沙则是指橙肉的枇杷。枇杷品种则有二十九种之多，其中属东山的白玉和西山的青种枇杷最有名。

此枇杷非彼琵琶

枇杷是入夏的第一批果子，被誉为“初夏鲜果第一枝”。唐代文学家柳宗元有“寒初荣橘柚，夏首荐枇杷”。枇杷是这个季节的主角，文人墨客竞相留下吟咏枇杷的佳句，白居易的“淮山侧畔楚江阴，五月枇杷正满林”；杜甫的“杨柳枝枝弱，枇杷对对香”；岑参的“满寺枇杷冬着花，老僧相见具袈裟”等。

因枇杷果皮金黄，故而在不少古代诗人的笔下，枇杷有了许多美妙的昵称。陆游把枇杷称作金丸，“难学权门堆火齐，且从公子拾金丸”；苏东坡把枇杷称作卢橘，“客来茶罢空无有，卢橘微黄尚带酸”；郭正祥把枇杷称作蜡丸，“未知何物真堪比，正恐飞书寄蜡丸”；宋祁和沈周把枇杷称作黄金丸，“树繁碧玉叶，柯迭黄金丸”，“谁铸黄金三百丸，弹胎微湿露渍渍”。

古代文献中有过一则“琵琶结果”的笑话，明代大画家沈石田收到友人送来的礼物，其中信签上写：“敬奉琵琶，望祈笑纳。”打开盒子一看，却是一盒新鲜枇杷。沈石田不禁失笑，回信给友人说：“承惠琵琶，开奁视之。听之无声，食之有味。”友人见信，

明代沈周《枇杷图》，绢本设色

| 故宫博物院·藏 王宪明·绘 |

十分羞愧，便作了首打油诗自嘲，“枇杷不是此琵琶，只怨当年识字差”，这故事至今仍为笑谈。

清代王椷的《无核枇杷》，记录了清朝文学家朱彝尊以请吃美味的蒸猪肘为交换条件，而从道士嘴中套出道观中两株枇杷树结无核果的秘密。原来在枇杷刚刚开花时，只要剪去花蕊中央的一根蕊丝，这样就会结出无核枇杷来。在植物授粉时，通过人工干预去掉花粉柱头，让其幼果因温度影响产生早期败育，促使种核完全退化，用现代植物学来分析还是有科学道理的。现在西南大学已经培育出无核枇杷，无核枇杷增加了果肉的可食率，经济价值也随之增加。

枇杷是个宝

枇杷全身都是宝，枇杷果不仅汁多味美，还以药用价值高而著称。枇杷性味甘、寒、无毒，有润肺止咳、和胃降逆之功。枇杷花、叶、皮、仁皆可入药，有镇咳作用。枇杷果肉可制成枇杷膏、枇杷露，用于治疗肺热咳嗽。著名的“蜜炼川贝枇杷膏”，就是用枇杷叶入药的。《清异录》记载了用枇杷制作蜜饯的方法，“一时之果，品类几何？唯假蜂、蔗、川糖、白盐、药物，煎酿曝糁，各随所宜。引郭崇韬家最善乎此，知味者称为‘九天材料’”，后唐宰相郭崇韬家最善制作这种“蜜饯枇杷”。乾隆南巡时，因错过枇杷产季，江南厨师只好用枇杷花粉、糯米粉和南瓜做原料，裹入豆沙馅，揉成枇杷的形状，谓“赛枇杷”。

中国枇杷在唐代随日本遣唐使传入日本，日本人称之为“唐枇杷”。18世纪，欧美有的国家开始从日本引种枇杷。之后又传往法国、英国、印度、阿尔及利亚、智利、澳大利亚、墨西哥、阿根廷等许多国家。中国是枇杷的主产国，产量占全世界的60%以上。西班牙的枇杷产量超过日本，成为世界第二大枇杷生产国。

第五节 荔枝

锦江近西烟水绿，新雨山头荔枝熟。

罗浮山下四时春，卢橘杨梅次第新。
日啖荔枝三百颗，不辞长作岭南人。

——北宋苏轼《惠州一绝·食荔枝》

荔枝，无患子科荔枝属木本植物，原产于中国，是“南国四大果品”之一，主要分布在我国华南、西南和东南地区。古人说其“花不艳，然果之绝”，为世间珍果。荔枝别名丹荔、丽枝、离枝、离支、勒荔、荔支等。中国不但是荔枝的原产地，也是目前世界上最大的生产国，全世界将近 90% 的荔枝都产自中国。

一骑红尘妃子笑

荔枝以一首“一骑红尘妃子笑，无人知是荔枝来”的千古绝句而闻名遐迩。原产于中国南部亚热带的果树，因得杨贵妃的喜爱而闻名。

中国是世界上栽培荔枝最早的国家，至少有两千多年的栽培史。据史料记载，南越王尉佗曾经向汉高祖进贡荔枝。元鼎六年（公元前 111 年），汉武帝破南越国，将南国奇花异木植上林苑，“扶荔宫以植所得奇草异木，龙眼、荔枝……百余本”。因南北气候环境差异，岁时多枯瘁，“荔枝自交趾移植百株于

荔枝·日本江户时代橘国雄《毛诗品物图考》

| 台北故宫博物院·藏 |

庭，无一生者”。古代荔枝写作“离支”，有“割去枝丫”之意，说明当时已认识到这种水果不能离开枝叶，连枝割下，保鲜期会加长。李时珍在《本草纲目》中也说：“若离本枝，一日色变，三日味变。则离支之名，又或取此义也。”大约自东汉开始，“离支”写成“荔枝”。

除广东外，广西、四川、福建、云南、台湾等地在古代亦早有荔枝栽培。晋代张勃《吴录》有“苍梧多荔枝”的记载，说明当时广西境内荔枝栽培已很普遍。东晋魏完《南中八郡志》有“犍为道县（今四川境内）出荔枝”的记载；杜甫有“忆过泸戎（今四川泸州）摘荔枝”的诗句；北宋蔡襄的《荔枝谱》记述福建栽培荔枝之盛，“绛囊翠叶，鲜明蔽映，数里之间，焜如星火”，还记载了唐代栽种的古荔，“宋公荔支，树极高大，世传其树已三百岁”。到北宋时期，乐史《太平寰宇记》记载了广东增城“有荔树，高八丈，相去五丈而连理”。

元初李京《云南志略》，记载了云南少数民族种荔枝贩卖为业。台湾亦产荔枝，但出现较晚，约在清初才见于记载。

别品千计

古代在荔枝选种、育种方面的记载相当多。远在3世纪，郭义恭在《广志》里述及“焦核”“春花”“胡偈”“鳖卵”等品种。唐代段公路《北户录》记载了梧州的“无核荔枝”，说其如“鸡卵大者，其肪莹白……液甘，乃奇实也”。宋代蔡襄《荔枝谱》记载了闽中“陈紫”，其“香气清远，色泽鲜紫，壳薄而平，瓤厚而莹……凝如水精，食之消如绛雪，其味之至，不可得而状也”。清代吴应逵的《岭南荔枝谱》和屈大均的《广东新语》都记载了岭南“挂绿”，“挂绿出增城，沙贝荔枝中第一品也”，“挂绿爽脆如梨，浆液不见，去壳怀之，三日不变”。挂绿因产量稀少而价值奇高，有“一颗挂绿一粒金”之说。

古代记载荔枝的书籍大概有十几种，宋代蔡襄的《荔枝谱》是我国也是世界果树志中年代最早的一部，书中记载了福建三十二个荔枝品种，以及它们的产地、生态、功用、加工和运销等相关史实。《荔枝谱》还说“荔枝以甘为味，虽有百千树莫有同者”，百千株荔枝树没有完全相同的。北宋郑熊《广中荔枝谱》记载广东产荔枝二十二种；蔡襄《荔枝谱》记载福建产荔枝三十二种；张宗闵《增城荔枝谱》记载增城荔枝一百余种。由于育种技术的日益进步，荔枝的品种也越来越丰富。这是古代劳动人民孜孜不倦地对果实的色、香、味以至果形、果肉、结果特性等方面，长期进行反复观察和定向培育的结果。

尽人力而胜天

为繁育和改良荔枝品种，除了传统的播种实生法，荔乡劳动人民还发明了“高压法”和“嫁接法”，对荔枝品种的繁育改良起到了巨大作用。现在南方繁殖荔枝、柑橘、龙眼等树种苗木时，还继续使用这些方法。

明宣宗朱瞻基《三鼠图卷 · 食荔图》，绢本设色（局部一）

| 故宫博物院 · 藏 |

“高取压条法”是利用优质的母株繁殖新苗的一种无性繁殖方法。南宋张世南在《游宦纪闻》中说：“取品高枝，壅以肥壤，包以黄泥，封护惟谨。久则生根，锯截移种之，不逾年而实，自是愈繁衍矣。”将母株上的枝条压入土中或用泥土等物包裹，形成不定根，然后再将不定根以上的枝条与母株分离，形成一株独立新植株的繁殖方法。这种育苗法又叫“掇树法”，可以把荔枝原品种的优良性状保存下来。

“高压法”始于何时无从考究，估计不会迟于 4 世纪。因为根据文献记载，当时荔枝已形成许多不同特性的品种，如仍沿用播种育苗，是不容易达到的。到 16 世纪时，各地已普遍应用。这项技术与传统的“随花驳、随果落”的做法相比，使落苗定植时间缩短了一个月。根据广西现存数百年至数千多年树龄的老树，分析其形态，亦似用高压繁殖法育成，可见荔枝高压技术由来已久。

“嫁接法”也是荔枝传统繁殖的方法。明代徐勃《荔枝谱》对此法有详细记载:“接枝之法，取种不佳者（为砧），截去原树（砧）枝茎，以利刀微启小隙，将别枝（接穗）削针插固隙中，皮肉相向，用树皮封系，宽紧得所，以牛粪和泥，斟酌裹之。”嫁接繁殖技术，既采用了播种繁殖技术，吸收了荔枝砧木的存活优势；又通过芽条嫁接发挥了优质荔枝品种的优势，实现了上下嫁接、优势互补。

到明末，科学家徐光启从利玛窦、熊三拔等外国传教士学到了不少西洋的天文、数学、水利、测量的知识，了解了地球上有寒带、温带、热带之分等，这些新知识更加强了他“人定胜天”的观念。他对“唯风土论”即“环境决定论”，进行了尖锐的批判，提出了不唯风土论，重在发挥人的主观能动性的正确观点。他在《农政全书·农本》中说:“凡一处地方所没有的作物，总是原来本无此物，或原有之而偶然绝灭。若果然能够尽力栽培，几乎没有不可生长的作物。即使不适宜，也是寒暖相违，受天气的限制，和地利无关。好像荔枝、龙眼不能逾岭，橘、柚、柑、橙不能过淮一样。不如写明纬度的高低，以明季节的寒暖，辨农时的迟早。”他的这些认识和观点更加科学和客观，对引进和推广新作物、新品种产生了重大影响和推动作用。

荔枝与香蕉、菠萝、龙眼号称“南国四大果品”，浑身是宝。果皮鲜红，果肉多汁，香味浓郁，营养丰富，可以鲜食，亦可做成干果、罐头、果汁、果酒等。《本草纲目》记载:“常食荔枝，能补脑健身，治疗瘴疠疔肿，开胃益脾，干制品能补元气，为产妇及老弱补品。”荔枝花期长、花量大，是非常优质的蜜源植物；荔枝树终年常绿，有利于美化环境；木质坚硬、纹理美观、抗虫耐腐，经常用于制作高品质家具；果皮、树皮、树根是良好的中药材。

中国的荔枝，先后被世界各国及地区直接或间接引种种植。17 世纪末荔枝从中国传入缅甸，一百年后又传入印度，1873 年传入夏威夷，1897 年传入美国加利福尼亚，1954 年由中国移民带入澳大利亚。如今，亚洲、美洲、中南美洲、非洲和大洋洲的 20 多个国家和地区都有分布种植。

明宣宗朱瞻基《三鼠图卷·菖蒲鼠荔图》，绢本设色（局部二）

| 故宫博物院·藏 |

在中国传统文化中，“红荔”与“红利”谐音，而“荔枝”又有“一本万利”之义，故老鼠啃食荔枝，寓意“祝福吉利、多利”。

第六节 柑橘

庭树纯栽橘，园畦半种茶。

荷尽已无擎雨盖，菊残犹有傲霜枝。
一年好景君须记，最是橙黄橘绿时。
——北宋苏轼《赠刘景文》

柑橘，芸香科柑橘属小乔木。中国是柑橘的重要原产地之一，有四千多年的栽培历史。产秦岭南坡以南、伏牛山南坡诸水系及大别山区南部，向东南至台湾，南至海南岛，西南至西藏东南部海拔较低地区。经过长期栽培、选择，柑橘成了人类的珍贵果品。别名宽皮橘、蜜橘、黄橘、红橘、大红柑、大红蜜橘等。现在，柑橘是橘、柑、橙、金柑、柚、枳等的总称。

江浦之橘 云梦之柚

早在先秦时期，柑橘作为一种原产于中国南方的热带果类成为进贡王室的贡品。《尚书·禹贡》记载长江中下游地区的先民就将橘柚列为贡税之物。长江中下游及其以南的太湖、洞庭湖、江陵、永嘉等地都是历史上有名的柑橘产地。人们靠种植柑橘，发家致富，把橘树当作奴仆，创造了“木奴千，无凶年”的神话，有的甚至因为种植橘树而富比王侯。

洞庭山自古就是柑橘的重要原产地之一,《山海经》记载:“又东南一百二十里,曰洞庭之山……,其木多柤、梨、橘、櫾(柚)。”《吕氏春秋》也说:“果之美者,……有甘栌焉。江浦之橘,云梦之柚。”楚地为橘树的故乡,《汉书》盛称“蜀汉江陵千树橘”,可见早在汉代以前,楚地江陵就以产橘而闻名遐迩。《史记·苏秦传》记载:“齐必致鱼盐之海,楚必致橘柚之园。”说明楚地(今两湖地区)的柑橘与齐地(今山东等地)的鱼盐生产并重。

秦汉时期,人们就试图将南方果木花卉移植到北方。汉代史学家司马相如在《上林赋》中记载“卢橘夏熟,黄甘橙楱,枇杷橪柿,亭柰厚朴”,将江南卢橘、枇杷等异果引种到长安皇家苑囿,但很多果木因不适应北方天气而凋落。春秋时期《晏子春秋·内篇》曰:“橘生淮南则为橘,生于淮北则为枳,叶徒相似,其实味不同。所以然者何?水土异也。”当时人们认识到物产对于地域具有很强的依赖性,得出了风土影响植物生长的结论。屈原在《楚辞·九章·橘颂》中有“后皇嘉树,橘徕服兮。受命不迁,生南国兮”,天地孕育的橘树,生来就适应这方水土。禀受了再不迁徙的使命,便永远生在南楚。不过橘树的习性也奇,只有生长于南土,才能结出甘美的果实,倘要将它迁徙北地,就只能得到又苦又涩的枳实了。

魏晋南北朝时期,柑橘生产在江南地区得到发展。三国时期东吴太守沈莹在《临海水土异物志》中记载有:“鸡桔子,大如指,味甘,永宁界中有之。”三国时,今温州一带属于临海郡的永宁县,可见距今一千七百余年前,温州的金橘已很著名。据史书记载,三国时曹操曾派使者到永嘉,选取了四十担(约四千斤)瓯柑,运回都城邺郡。

早在西晋时期,岭南的土著在种植柑树时就利用蚂蚁来防治害虫。西晋文学家嵇含在《南方草木状》中记载:“南方柑树若无此蚁,则其实皆为群蠹所伤,无复一完者矣。”这种“蚁”是肉食性黄猄蚁,主要捕食柑树害虫。以虫治虫,这是世界上采用生物防治法的最早记录。在岭南地区,至今仍在沿用这种生物防治病虫害方法。

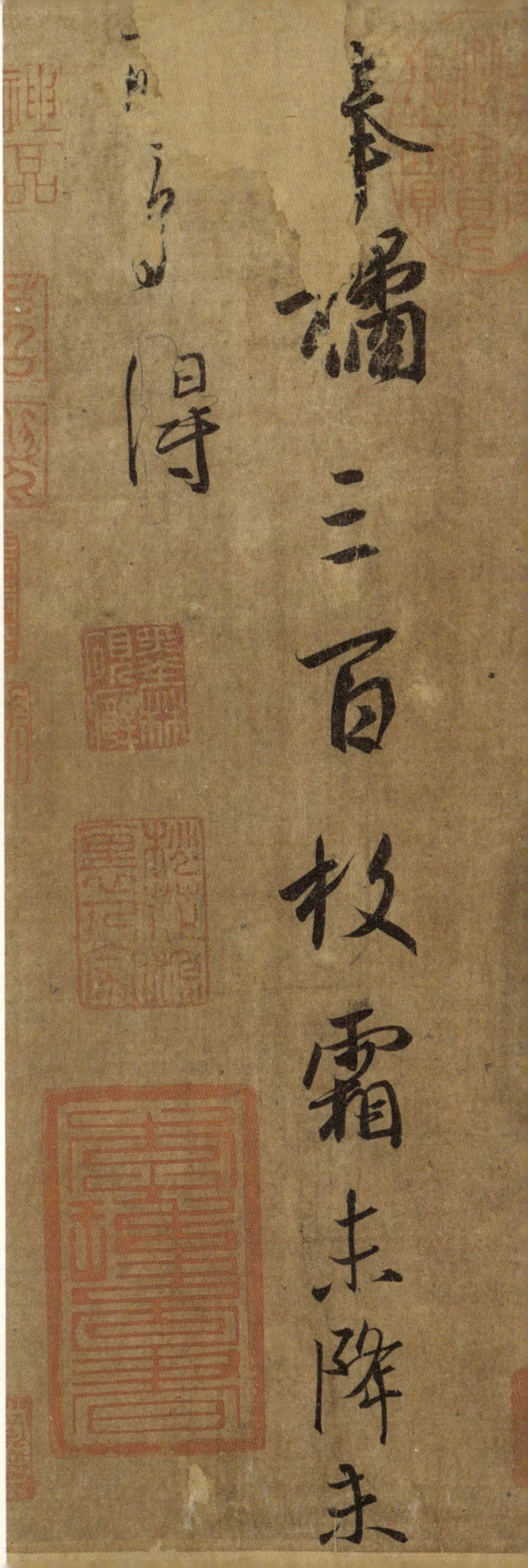

东晋王羲之《奉橘帖》

| 台北故宫博物院 · 藏 |

一千七百多年前，东晋书法家王羲之在霜降前为友人送去了三百枚橘子，并留言“奉橘三百枚，霜未降未可多得”，言外之意是霜降前成熟的橘子十分稀少，故而珍贵。

橘·日本江户时代橘国雄《毛诗品物图考》

丨台北故宫博物院·藏丨

春日清江岸 千柑两顷园

到唐宋时期，随着经济的发展，柑橘种植在江浙、四川等地均形成产业，并确立了香橼、橘、柑、柚、橙等栽培品种。果树整枝、病虫害防控，以及果实的收获、贮藏等相关技术也达到了相当先进的水平。

宋代欧阳修等撰著的《新唐书·地理志》中列举了四川、贵州、湖北、湖南、广东、广西、福建、浙江、江西、安徽、河南、江苏及陕西南部，向朝廷纳贡柑橘。剑南道是唐代四川柑橘种植中心，在绵州、金州产橘丰富区设置"橘官"，主"岁贡御橘"。唐代诗人柳宗元的"密林耀朱绿，晚岁有馀芳"，岑参的"庭树纯栽桔，园畦半种茶"和杜甫的"春日清江岸，千柑两顷园"，反映了唐代庭院和山地柑橘的生产情况。当时，凡气候适宜栽培柑橘的地方，户

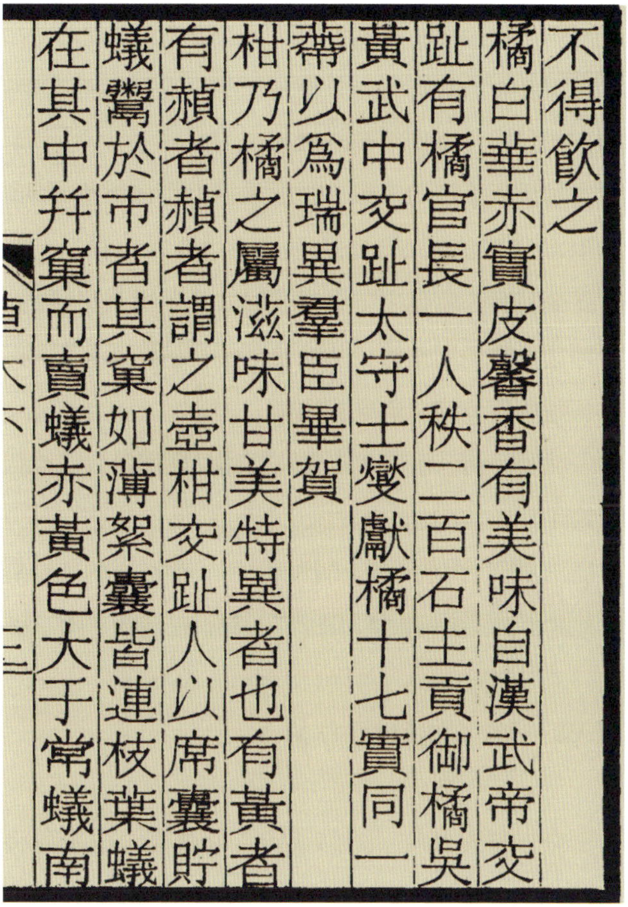

不得飲之
橘白華赤實皮馨香有美味自漢武帝交
趾有橘官長一人秩二百石主貢御橘吳
黃武中交趾太守士燮獻橘十七實同一
蔕以爲瑞異羣臣畢賀
柑乃橘之屬滋味甘美特異者也有黃者
有頳者頳者謂之壺柑交趾人以席囊貯
蟻鬻於市者其窠如薄絮囊皆連枝葉蟻
在其中幷窠而賣蟻赤黃色大于常蟻南

蚁治柑虫·西晋嵇含《南方草木状》，清代吴江沈氏怡园刻本

户栽橘，人人喜食。

宋代柑橘的品种更丰富，韩彦直的《橘录》记载永嘉（今浙江温州）有柑、橘、橙共二十七种，“柑自别为八种，橘自别为十四种，橙子自别为五种”。其中，“乳柑推第一”，而“泥山为最”，皮薄味珍，脉不粘瓣，食不留滓，果核一二。通过“嫁接法”，宋代的柑橘形成二三十个品种，不同品种的成熟期不一样，有立秋成熟的“早黄橘”，有最早采摘的“甜柑”，有隆冬时节采摘的“绿橘”，也有待来年春天才摘的“冻橘”，所以宋人在春寒料峭的季节也能够吃上新鲜的柑橘。

北宋诗人陈舜俞在《山中咏橘长咏》诗中的“趁市商船急，充庭使驿驰……善生唯计亩，视价旋论赀”，歌颂了太湖洞庭山的柑橘生产贸易盛况。诗注中提到“东、西两山卖干橘皮，岁不下五六千秤”，据此推算，当时约有一万五千人的洞庭山，人均柑橘消费量为三十斤。诗中还提到“熙宁七年大旱，井泉竭，山中担湖水浇树，有一家费十万钱雇人者”，也从一个侧面反映了当时柑橘生产的规模。柑橘采摘上市的时候，“每一百斤为一笼”，价格随行就市，“或得价笼一千五百钱，下价或六七百”，是当时稻米价格的一至二倍。在高额利润的驱使之下，古代橘农为了提高柑橘的产量，精心栽培和管理，从品种选择到橘园整治，从嫁接到病虫害防治，从施肥、灌溉到采摘、收藏、加工，每个环节都力争尽善尽美。

明清时期，柑橘业已发展到商品生产阶段。清代鲁琪光《南丰风俗物户志》记载江西南丰等地整个村庄“不事农功，专以橘为业”；施鸿保的《闽杂记》记载了福州城外“广数十亩，皆种柑橘”；吴震方的《岭南杂记》记载广州城乡“可耕之地甚少，民多种柑橘以图利”，柑橘已成为华南、华东等地重要的经济产业。

世界上第一部种橘专著

南宋淳熙四年（1177 年），韩彦直（南宋名将韩世忠的儿子）在任温州知州期间，为总结推广柑橘种植经验，编著了世界上最早的一部柑橘专著《永嘉橘录》。

《永嘉橘录》第一次将柑橘类果树区分为柑、橘、橙三大类，总结了二十六种柑橘的种治、始栽、培植、去病、浇灌、采摘、收藏、制治、入药等经验。《永嘉橘录》是一部具有较高园艺学价值的著作，指出蘚（真菌）和蠹（虫）是引起柑橘病虫害的主要原因，通过刮除病原菌、除去多余的枝叶；设法将虫钩出，将洞填死，即可增进果林的通光透气性，达到治除的良好效果。这些做法，也都为后人所遵循。

南宋韩彦直的《永嘉橘录》比欧洲果树学学者葡萄牙人费雷利所写的柑橘类专著《柑橘》早了近四百七十年。在这近 5 个世纪的时间里，由于宋元明时期航海贸易的发展、温州的地理优势等原因，《永嘉橘录》迅速传向海外。近代科学史学家李约瑟认为《永嘉橘录》问世之后，“直至 1500 年，即三百多年后，才出现了可以与韩彦直的著作相匹敌的著作”。

中国贡献给世界的“吉利果”

12 世纪，柑橘由阿拉伯人传入西方。15 世纪初，日本僧人智惠从中国带回温州柑橘，引种到日本九州鹿儿岛。经嫁接改良之后，培育出无核新品种“温州蜜柑”，在日本国内广为种植，并且远销国外。16 世纪，橙子由葡萄牙人从中国引入欧洲，然后以此为育种材料在地中海沿岸培育了很多脐橙品种。约 1565 年之后，脐橙又漂洋过海到了北非、美国、南美洲（巴西等）及澳大利亚，相继培育了华盛顿脐橙、汤姆生脐橙、罗伯生脐橙、哈姆林、卡特尼拉、西班牙血橙等品种。英语中把柑和橘统称为“Mandarin”，其原意就是“中国珍贵的柑”。而在柑橘培育过程中,《永嘉橘录》为他们提供了重要技术指南，正如美国果树栽培专家里德在《植物学简史》中所说:“《永嘉橘录》记录的整枝、防治虫害等技术都非常先进，对各国橘类栽培有参考意义。”

经过各国园艺工作者的不断选育，现在世界上有上千个柑橘品种。巴西是柑橘类水果的最大生产国，中国位居第二。

南宋马麟《橘绿图》

| 故宫博物院・藏　王宪明・绘 |

图中橘子由绿转黄，压坠枝头，令人想起宋人晏几道的“绿橘梢头几点春，似留香蕊送行人”的诗句。

第七节 猕猴桃

——中庭井阑上，一架猕猴桃。

隰有苌楚，猗傩其枝。
天之沃沃，乐子之无知！
隰有苌楚，猗傩其华。
天之沃沃，乐子之无家！
隰有苌楚，猗傩其实。
天之沃沃，乐子之无室！

——先秦《诗经·国风·桧风·隰有苌楚》

《诗经·桧风·隰有苌楚》是一首来自两千九百多年前被反复低吟的古诗，其中苌楚就是被我们称之为“维C之王”的猕猴桃。

猕猴桃，猕猴桃科猕猴桃属落叶藤本植物。猕猴桃原产于中国，主要分布在北纬18°～34°气候温暖湿润的南方山坡林缘或灌丛中，特别是湖北恩施、陕西秦岭一带。猕猴桃，别名羊桃、阳桃、猕猴梨、藤梨、醋栗、狗枣、毛木果、麻藤果、奇异果等。

“长寿之果”猕猴桃

中国古代关于猕猴桃的最早记载，来自先秦时期的《诗经·国风·桧风·隰有苌楚》，其“隰有苌楚，猗傩其枝”中的“苌楚”就是猕猴桃的古名。桧在今河南新郑、密县、荥阳一带，说明早在二千九百年前河南人已经采食猕猴桃叶子和果子了。《山海经·中山经》也记载了今河南丰山“多羊桃，状如桃而方茎”。《尔雅·释草》中也记载有“苌楚”，东晋郭璞注释时把它定名为

"羊桃"，今湖北和川东的老百姓仍把猕猴桃叫"羊桃"。可见，采食野生猕猴桃作为古代先民的补充食物。

到唐宋时期，古籍中有关猕猴桃的记载始多。唐代段成式的《酉阳杂俎》较早记载了这种果类，"猴骚子，蔓生，子（果实）如鸡卵，既甘且凉，轻身消洒"，因猴子喜食故名猴骚子。北宋药学家唐慎微在《证类本草》中记载，"猕猴桃味酸醇，……一名藤梨，一名木子，一名猕猴桃。生山谷，藤生著树，叶圆有毛，其果形似鸭鹅卵大，其皮褐色，经霜始甘美可食"，可知猕猴桃有多种别名。北宋药物学家寇宗奭（shì）在《本草衍义》中说："猕猴桃永兴军南山（今陕西境内）甚多。枝条柔软，高二三丈，多附

猕猴桃 · 日本江户时代橘国雄《毛诗品物图考》

| 台北故宫博物院 · 藏 |

木而生。其子十月烂熟，色淡绿，生则极酸。子繁细，其色如芥子。浅山傍道则有子者，深山则多为猴所食矣。”军南山猕猴桃甚多，山脚路旁有果实挂枝，深山中果实则被猕猴所食。唐代药学家陈藏器在《本草拾遗》中说：“猕猴桃味甘酸无毒，可供药用。主治骨节风，瘫痪不遂，痔病。”宋代官修药物学著作《开宝本草》记其有“止暴渴，解烦热”的功效。

从上述记载可知，唐宋时期对猕猴桃生长环境和生长特性、功用和别名屡有记载，其药膳两用价值被普遍认识和利用。

中庭架上猕猴桃

大约在距今一千二百多年前，陕西渭上人就已经开始在庭院人工种植猕猴桃。唐代宗广德二年（764 年），刚迁任虞部郎中的岑参为“掌京城街巷种植、山泽园囿草木、薪炭供须、田猎等事”，赴太白山巡察。岑参进山后见树下坐着一位老翁，交谈后方知老人已一百二十岁有余，就连他的子孙们也都是上了年纪的老人。问其长寿之诀时，老人笑而不语，指着院中一架老藤树说，此乃猕猴喜食之“猕猴桃”。岑参甚为感慨，于是写下《宿太白东溪李老舍寄弟侄》诗句：

渭上秋雨过，北风何骚骚。天晴诸山出，太白峰最高。
主人东溪老，两耳生长毫，远近知百岁，子孙皆二毛。
中庭井阑上，一架猕猴桃。石泉饮香粳，酒翁开心槽。
爱兹田中趣，始悟世上劳。我行有胜事，此书寄尔曹。

根据岑参诗词，当时陕西渭上人家已经在庭院中用阑干架植猕猴桃。岑参此次巡察太白山，也是顺道为了解唐玄宗食“长寿之果”的传说。据《旧唐书》记载，唐玄宗曾多次驾临太白山下凤泉宫泡汤泉，食用猕猴喜食的“长寿之果”。而这个“长寿之果”，就是太白山猕猴桃。太白山位于秦岭北麓，是长江和黄河两大水系的分水岭，气候有立体差异，动植物资源非常丰富，山上林

猕猴桃 · 清末广州画坊《各种药材图册》

| 荷兰国立世界文化博物馆 · 藏 |

木茂盛，中草药植物遍地皆是。

猕猴桃主要作为庭院观赏和药用植物，一直没有被人工驯化为果树大面积栽培。直到 20 世纪才开始人工驯化，逐步推广，至今不过百余年的栽培历史。

猕猴桃属在全世界共发现六十六种，其中六十二种原产于中国。中国是猕猴桃野生资源最丰富的国家，大多数猕猴桃为特有种，仅“尼泊尔猕猴桃”和“白背叶猕猴桃”为周边国家所特有。

目前中国是猕猴桃主要生产国之一，有中华、美味、软枣、毛花四大猕猴桃系列，有徐香、翠香、红阳、脐红、金魁等二十多个主要种植品种。

由本草到水果　由中国到新西兰

1899 年，英国植物学家威尔逊在湖北山区看到一种被当地人称为“羊桃”的藤本植物，果实酸甜可口，于是将这种水果的种子寄往英国和美国，但这些种子培育出来的猕猴桃，恰巧全是雄株，无法结出果实。1904 年，一位来华度假的女教师伊莎贝尔，将威尔逊推荐给西方人的猕猴桃种子带回新西兰汪加努港庄园栽培，当时他们将这种果实称为“中国鹅莓”。1910 年，果树终于结出了果实。1928 年，在奥克兰阿凡戴尔区的海沃德 · 怀特庄园终于培育出四十株猕猴桃，其中一株果实大、口感好、耐储藏的猕猴桃被命名为“海沃德”，并开始大面积的种植。后来，这种猕猴桃改名为“美龙瓜”，由于新西兰瓜类税收较高，且猕猴桃果面有毛，果形酷似新西兰的国鸟基维鸟（Kiwi），故称基维果（Kiwifruit），现在这种水果已成为新西兰的第二大支柱产业，并获得了巨大的经济效益。

基维果也被大量进口到猕猴桃的原产国——中国，在中国被音译为“奇异果”。现在，甚至许多人都不知道“奇异果”其实就是源自中国的猕猴桃。从一种不引人注目的野果，到现在成为世界著名的商品水果，猕猴桃的开发利用是非常值得人们回味的。一粒种子竟然改变了一个国家的命运。

第八节 香榧

银甲弹开香粉坠，金盘堆起乳花园。
蹬是金蒙历道场，杜家岭外已斜阳。
秋风落叶黄连路，一带蜂儿榧子香。
——清代周显岱《玉山竹枝词》

香榧，红豆杉科榧属常绿乔木植物。榧树是中国特有的第三纪珍稀孑遗植物，属于国家二级重点保护野生植物，最早出现于侏罗纪，堪称“活化石”。香榧别名玉榧、野杉、柀子、玉山果、赤果等。

“银甲弹开香粉坠，金盘堆起乳花园”，香榧熟，秋分到。香榧子是中国特有坚果，含有丰富的油脂和特殊的香味，深受人们的喜爱。

彼美玉山果　粲为金盘实

中国对榧树利用历史悠久，关于榧树的最早记载出现在《尔雅》，“杉也。其树大连抱，高数仞，叶似杉，其木如柏，作松理，肌细软，堪器用者”，榧树形高大，像杉树，可以做器具。先秦时期，香榧已可药食两用。东汉《神农本草经》记载了榧子的药用价值，“柀子味甘温，主腹中邪气，去三虫、蛇螫、蛊毒、鬼伏尸”。

唐宋时期，对香榧的记载渐多。唐代陈藏器的《本草拾遗》首次提到了榧子作为干果食用，“榧华即榧子之华也。与榧同，榧树似杉，子如长槟榔，食之肥美”。宋代，香榧已被视为珍果出现在公卿士大夫的宴席上，诗人苏轼在《送郑户曹赋席上果得榧子》诗中写道：“彼美玉山果，粲为金盘实。”宋代诗人何坦在《蜂儿榧》诗云：“银甲弹开香粉坠，金盘堆起乳花园。”用指甲拨开香榧果仁上的“黑衣”，犹如香粉坠落，露出金黄色的果仁。由于人们对香榧佳果的美誉，宋代开始注重对香榧的培育。到南宋时，嵊州、诸暨已是“榧多佳者”。

明代王象晋《群芳谱》、清代汪灏的《广群芳谱》等农书，对榧树植物学性状和种类变异有记载。明万历时期《嵊县县志》载“榧子有粗细二种，嵊尤多”，其中的“细榧”就是香榧。清乾隆时期《诸暨县志》记载“榧有粗细二种，以细者为佳，名曰香榧”，明确了细者为香榧。清后期，香榧开始成为一种“地标产品”。晚清《重修浙江通志稿》云：“香榧产地乃在枫桥东二十余里一带山里山湾的地方，因村小而名不著，故山农以枫桥称之。”可见，诸暨枫桥镇在清代就是香榧买卖的集散地。

榧华秋实 嫁接有术

香榧树对于气候、生长环境有较高的要求，俗话说“榧离老窝勿做娘”。会稽山地处浙江东北部，山高岭峻，土壤肥沃，温和湿润的山地小气候，以及生物种群的多样性，为香榧的生长提供了得天独厚的环境条件。

这里有百年以上树龄的香榧树七万余株，千年以上树龄的香榧树数千株。经过上千年的持续培育，会稽山地区拥有较为完整的香榧种群资源，有细榧、獠牙榧、茄榧、大圆榧、中圆榧、小圆榧、米榧、羊角榧、长榧、转筋榧、木榧、花生榧、核桃榧、和尚榧、尼姑榧等十几个物种。

会稽山地区，古香榧群的基部大多有明显嫁接痕迹。10世纪，为躲避战乱，大量人口自北方南迁，北方先进的农业技术也随之传入南方，会稽山地区可能就是在这一时期较大规模地应用了香榧嫁接技术。

嫁接是改良香榧品质、提高产量的一种重要栽培技术。榧农选香榧优株，

榧 · 日本江户时代毛利梅园《梅园百花画谱》

| 日本国立国会图书馆 · 藏 |

在十年以上的实生榧上进行嫁接；根据树龄的不同接枝的数量也不尽相同，通常接两枝。近年来，为保障雌榧的良好授粉，当地民众也有将雄榧枝条作为穗条嫁接到雌榧上的做法。榧农在长期的生产中，创造了一套完整的种植、嫁接、采摘、加工的传统技术。2013 年，绍兴会稽山古香榧群被联合国粮农组织列为全球重要农业文化遗产。

传种“吉利果”

香榧是药食两用珍品。《本经》和《别录》都记载有“治腹中邪气”，“常食，治五痔，去三虫，蛊毒，鬼疰恶毒”。香榧子作为药用，具有杀虫、消积、润燥的功效。民间常以香榧子为孩童驱除蛲虫，这一功效也得到了现代临床医学的证实。香榧子含有丰富的脂肪油，含量高达 51.7%，甚至超过了花生和芝麻。

香榧·清代吴其濬《植物名实图考》，清道光山西太原府署刻本

香榧树是一种雌雄异株的神秘果树，从开花到果子成熟需要二三年的时间，虽然香榧的产量不高却具有较高的经济价值，炒制后的香榧子大约八十元一斤，远高于市场上其他坚果价格。因香榧寿命长、生长慢、结实期晚、盛果期长，有“三十年开花，四十年结果，一人种榧，十代受益”之说，被当地榧农称为“长寿果”“三代果”“吉利果”。

香榧是会稽山地区民间祭祀、祈福、婚嫁等民俗活动中不可或缺的吉利果，被赋予了美好的象征意义。婚礼上，摆上一盘染成红绿两色的香榧，寓意新人成双成对；新娘嫁妆“荷花被”上，放雌雄两枝榧树枝条，寓意长长久久；岁时节日中，香榧是吉利果，分享给大家品尝。

第九节 果树嫁接

树以皮行汁，斜断相交则生。

园丁妙手即花神，接叶移枝为脱真。
刀剪岂能伤化力，色香无复记前身。
——元代欧阳玄《接花木》

在果树、花卉等经济林木的繁育上，嫁接具有重要意义。因为这样的无性繁殖相比用种子的有性繁殖，不仅结果快、花色繁，而且还能保持栽培品种原有的特性。同时，还能促使其变异，培育新品种。

嫁接技术至迟在战国后期就已经出现，北魏时期农书《齐民要术》对有关嫁接的原理、方法都有比较翔实的记载。《齐民要术·种梨》中指出：嫁接的梨树结果比实生苗快，方法是用棠梨或杜梨做砧木，最好是在梨树幼叶刚刚露出的时候。操作的时候，注意不要损伤青皮，青皮伤了再接穗就会死去；还要让梨的木部对着杜梨的木部，梨的青皮靠着杜梨的青皮。按《齐民要术》中说的，就是要求彼此的木质部对着木质部，韧皮部对着韧皮部，这样两者的形成层紧密接合。这样做是合乎科学道理的，因为接木成活的关键在于砧木和接穗切面上的形成层要密切吻合。

砧木的选择是嫁接梨树的关键,《齐民要求》提到可供利用的砧木有棠、杜、桑、枣、石榴等五种。经过实践比较：用棠梨作砧木，结的梨果实大、肉质细；杜梨差些；桑树最次。至于用枣树或石榴树作砧木，所结的梨虽属上等，但是接十株只能活一二株。可见当时人们通过嫁接实践，认识到远缘嫁接亲和力比较差、成活率低的规律。现代植物学分类也证实：梨和棠梨、杜梨是同科同属不同种植物；而梨和桑树、枣树、石榴树则完全分属不同的科，几乎没有任何亲缘关系。

为了突出说明嫁接繁育的好处,《齐民要术》还用对比的方法，介绍了果树的实生苗繁育。野生的梨树和实生苗不经过移栽的，结实都很迟，而且实生苗还有不可避免的变异现象。就是每一个梨虽然都有十来粒种子，但是其中只有两粒能长成梨树，其余的都长成杜梨树。这个事实说明：当时人们已经注意到实生苗会严重变劣和退化，而且有性繁殖还会导致遗传分离现象。用接木这样的无性繁殖方法，它的好处就是没有性状分离现象，子代的变异比较少，能够比较好地保存亲代的优良性状。

关于嫁接的方法，随着时代的推移也有了提高。《齐民要术・种梨》讲到的一砧一穗或多穗的枝接法，有见于“种柿篇”的“取枝于楔（ruǎn）枣根上插之”（楔枣就是软枣、黑枣）的根接法。元代，王祯在《王祯农书・种植》中总结出了以下六种方法：“夫接博（缚）其法有六，一曰身接，二曰根接，三曰皮接，四曰枝接，五曰靥接，六曰搭接。”“身接”近似今天的高接；“根接”不同于今天的根接，近似低接；“靥接”就是压接。这个分法有依据不一致的缺点：有以嫁接方法分类的，如压接、搭接；有以嫁接的砧木和接穗的部位分类的，如身接、根接、枝接等。但是他叙述的既简明又条理细致，所以仍为后来的许多农书所袭用。有些接木名词作为专门术语，今天在中国和日本也还在沿用。

正确掌握嫁接是成活的技术关键，可以看作是嫁接技术提高的一个标志。明代徐光启在《农政全书》卷三十七“种植”中说，“接树有三个秘诀”，第一要在树皮呈绿色，但还幼嫩的时候；第二要选有节的部位；第三接穗和砧木接合部位要对好。照这三个要求来做，万无一失。它简要而又确切地说明了嫁接的树龄、部位和应该注意的事项。有节的地方分殖细胞最发达，选择这个部位是有科学根据的。

清代陈淏子《花镜》一书，对嫁接的生理机制做了探索。《王祯农书》里只是用“一经接博（缚），二气交通”，这样概括的推断来说明内在的机制。而《花镜》却清楚地说，“树以皮行汁，斜断相交则生”，对嫁接成活生理机制的解释，符合砧木和接穗是通过两者木质部和韧皮部的营养输送而达到嫁接成活这一原理的。

从唐宋时期起，嫁接的应用已经不限果树桑木，并且推广到花卉上。宋代周师厚的《洛阳牡丹记》里，就已有关于嫁接牡丹的记载。牡丹原产中国西北地区，到隋唐时期才作为观赏花卉来栽种。宋代除了用引种、分株和实生等方法，还采用嫁接来繁殖。嫁接的好处不仅能产生新品种，而且还能促使新品种很快地繁殖起来，因此，宋代牡丹的品种既多，花型花色的变化也就更加复杂了。嫁接的牡丹多已成为特殊的商品在市场上出售，并获得不菲的价值和收益。促使这一技术推广到海棠、菊花、梅花等花卉。这虽是为了迎合文人雅士和官绅的兴致，但也反映出中国古代劳动人民在园艺技巧上的非凡成就。

达尔文在《动物和植物在家养下的变异》一书中指出：“按照中国的记载，牡丹的栽培已经有一千四百年，并且育成了二百到三百个变种。”在这些变种中，就有许多是靠嫁接而产生的。

第十节 果树交流与扩散

赛过荔枝三百颗，大宛风味汉家烟。

（大）宛左右以蒲陶为酒，富人藏酒至万余石，久者数十岁不败。俗嗜酒，马嗜苜蓿。汉使取其实来，于是天子始种苜蓿、蒲陶肥饶地。

——西汉司马迁《史记·大宛列传》

作为一种美味的食物资源，无论是在中国，还是在西方，水果一直扮演着重要的角色。如果追根溯源的话，今日遍布全球的桃、李等水果大都和中国有关。欧洲文艺复兴后，中国的观赏植物开始大量引入西方，其中也包括荔枝、龙眼、柿子等。

随着对外交往的不断扩大，中国也在不断引进外来的水果，丰富着我们的果类资源和品种。中国古代对外来水果的引种，分为三大历史阶段。汉代是水果引种的第一个历史阶段，张骞凿空西域以后，通过古丝绸之路从西亚、中亚、新疆、甘肃一带传入中原的有葡萄、石榴、苹果“三大名果”。

葡萄原产于黑海和地中海沿岸，大约在五六千年前已在今埃及、叙利亚、伊朗、伊拉克、南高加索及中亚细亚等地栽植。汉代传入中国，据罗念生先生考证，汉时“蒲萄”二字的发音正是源于希腊文“botrytis”，而中亚粟特语里“葡萄”的意思是“藤蔓”，这是一种传统的意识观念。据《史记·大宛列传》记载西域种植葡萄与酿酒最早可追溯到汉武帝时期之前，张骞出使西域时在大宛国见“左右以蒲陶（葡萄的音译）为酒，富人藏酒至万余石，久者积数岁不

胡人骑卧驼陶俑·陕西西安唐代鲜于廉墓出土，三彩釉陶

| 中国国家博物馆·藏　王宪明·绘 |

头戴尖帽的胡人骑于驼上，左手牵绳，正欲起身。这座陶俑反映了唐代丝绸之路上“商胡贩客，日奔塞下”的盛况。

败”。随后，“汉使取其实来，于是天子始种苜蓿、蒲陶肥饶地”。当时，汉代后庭的离宫别苑旁边，“尽种蒲陶、苜蓿，极望”。葡萄进入中国中原地区以后，开始是皇家园林中的珍品，然后逐渐引种到民间，逐步成了大众的珍馐，最终出现了“葡萄美酒夜光杯”的传唱。酒是诗人灵感的催化剂，嗜好美酒的李白、杜甫创作出“蒲萄酒，金叵罗，吴姬十五细马驮”“数茎白发哪抛得？百罚深杯亦不辞”的诗句，都发出不醉不归、罚酒千杯也心甘的感叹。

石榴原产波斯，引入中国后很快成为名贵果品。中国栽培石榴的历史距今大约已有两千多年，西晋文学家潘岳《安石榴赋》赞曰：“安石榴者，天下之奇树，九州之名果。”从唐代乔知之《倡女行》诗中的“石榴酒，葡萄浆。兰桂芳，茱萸香”来看，石榴与葡萄一样，也是唐代人眼里的名果。明代，石榴已广泛分布于全国各地。通过丝绸之路引入各种水果的同时，也带来了生产技术和异域的风俗文化。中国婚俗中以“石榴多子”寓意吉祥的文化，即是中亚石榴文化的流变。

苹果是通过古丝绸之路传入中原内地，成为栽植最为广泛、大众消费水果的主力品种。晋代郭义恭《广志》记载："柰有白、赤、青三种，张掖有白柰，酒泉有赤柰，西方例多柰，家以为脯，数十百斛蓄积，如收藏枣栗……谓之'频婆粮'。""频婆"的叫法源自伊朗语的音译。柰在汉代已有栽植，汉晋时张掖、酒泉这些河西地区不仅栽植苹果，而且已有苹果深加工。值得关注的是，柰在引入中原后，栽植技术也有了新突破，出现了用林檎木嫁接的技术。到清代时，"频果"的叫法已相当广泛，"苹果"由其简化而来。利用现代分子生物学的技术，我们了解到苹果是典型的东西方结合的产物。现代苹果主要是新疆野苹果和欧洲野苹果的杂交种，起源于新疆、中亚等地区，接受了欧洲野苹果的基因改良。

外来水果进入中原的第二个历史阶段是唐代，无花果和杧果、西瓜等都是在这一时段传入的。

无花果原产阿拉伯南部，是世界上最古老的果树之一，也是人类栽培历史上最为古老的果树之一。据考证，无花果在唐代传入中国，在古农书《农政全书》《救荒本草》上均有记载。明代《本草纲目》记载，无花果有健脾消食、顺肠通便、益肺等作用。现已遍布全国大部分地区，目前有一百二十多个品种，其中南疆和胶东半岛分布最广。

杧果原产印度及马来西亚，最早可能在印度等地被驯化，据说杧果的名字来源于印度南部的泰米乐语。第一个把杧果介绍到中国的人是唐代高僧玄奘，在《大唐西域记》中有"庵波罗果，见珍于世"的记载，可知杧果距今已有一千三百多年的种植历史。

西瓜源于非洲的撒哈拉沙漠，埃及人早在五六千年前就开始种植西瓜，并通过地中海和亚欧大陆向东推广，五代时期传入中国。两宋时期，西瓜自北向南传遍了中国。南宋礼部尚书洪皓出使金国带回了西瓜种子，才得以在江南大地种植开来。南宋名臣范成大出使金国，在品尝西瓜后赋诗："碧蔓凌霜卧软沙，年来处处食西瓜。"明代徐光启在《农政全书》中记载，"西瓜，种出西域，故之名"。明清以后，西瓜在全国范围内广泛种植。

水果引种的第三个历史阶段是明清以后，随着欧洲大航海时代的到来，全球不同地区的交流和联系更加紧密，菠萝、火龙果、番木瓜、草莓等许多不同地区的水果进入中国。

菠萝原产地是南美洲巴西、巴拉圭的亚马孙河流域一带，16 世纪明朝时由葡萄牙人传入澳门，复从澳门传入广东、海南，再由海南传入福建至台湾。台湾栽培凤梨始于康熙末年，距今约三百余年了。目前，菠萝已广泛分布在南北回归线之间，成为世界上重要的果树之一。在中国主要栽培地区有广东、海南、广西、台湾、福建、云南等地。火龙果原产于中美洲的哥斯达黎加、古巴、哥伦比亚等地，19 世纪由法国人、荷兰人传入越南、泰国等东南亚国家，以及中国台湾地区，再由台湾改良引种到海南、广西、广东等地栽培。

中外水果的引进和交流，不仅丰富了中国的物产资源，还带动了汉唐时期的经济发展，促进了东西方文化的交流互鉴。

南宋鲁宗贵《吉祥多子图》

| 波士顿美术馆·藏 |

第三章 蔬菜植艺

寒瓜方卧垄，秋菰亦满陂。
紫茄纷烂熳，绿芋郁参差。

——南北朝沈约《行园诗》（节选）

『谷不熟为饥，蔬不熟为馑』，中国人早在三千多年前就开始种植蔬菜。秦汉时期，形成一整套精耕细作的菜田管理技术和经验，包括栽培、作畦、施肥、灌溉、中耕除草、防虫和收获等方面。北魏农学家贾思勰在《齐民要术》中最早提出了蔬菜的生产布局，强调了选种的重要性。为了解决蔬菜的周年供应问题，汉代发明了温室栽培技术，元代应用了风障和阳畦技术，明清时期出现了类似现代土温室的栽培设施。

中国历史上有三次外来蔬菜的大规模引进，经过在中国本土的精心培育和品种改良，创造出许多新的、优良的蔬菜品种。清代《植物名实图考》记载了一百七十六个蔬菜品种。由于种植蔬菜获利丰厚，刺激人们不断培育良蔬品种，形成蔬菜名特产区。蔬菜品种的增加，又极大地丰富了人们的饮食体系。

第一节 芜菁 萝卜

花叶蔓菁非蔓菁，吃来自是甜底冰。

习习谷风，以阴以雨。
黾勉同心，不宜有怒。
采葑采菲，无以下体。
德音莫违，及尔同死。

——先秦《诗经·国风·邶风·谷风》

芜菁和萝卜都是十字花科一年或两年生植物，但分属芸薹属和萝卜属，相似的是它们都有可食用的肉质根茎。《诗经·国风·邶（bèi）风·谷风》中提到葑和菲两种植物，“葑”为芜菁、蔓菁的古称；“菲”为萝卜的古称。芜菁，别名蔓菁、蔓荆、诸葛菜、圆菜头、大头菜。甘肃、西藏西部少数民族则称为“圆根”“妞玛”，在内蒙古、东北地区则称为“卜留克”，新疆人称“恰玛古”。萝卜，别名有芦菔、莱菔、芦葩、雹葖等多达五十多种别称。

四时“孔明菜”

芜菁与萝卜是两种古老的栽培作物，在中国有三千多年的栽培史。《诗经》中有“采葑采葑，首阳之东”“采葑采菲，无以下体”的记载，意思是首阳（今山西永济市南雷首山）以东采食芜菁；采食芜菁和萝卜，根茎和叶皆可吃。从西周到春秋的五百多年间，中国蔓菁和萝卜栽培地主要在黄河中下游地区。

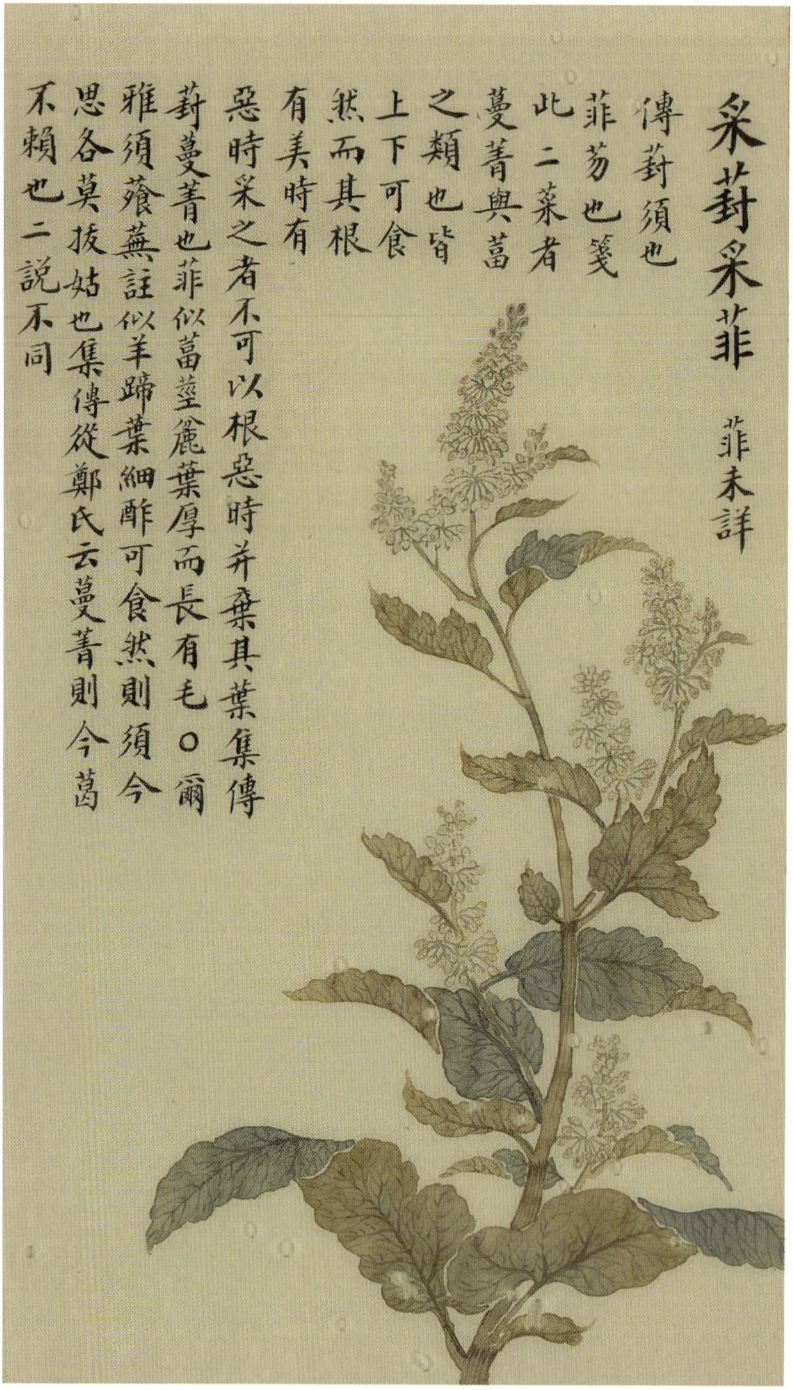
采葑采菲
菲未詳
傳葑須也
菲芴也箋
此二菜者
蔓菁與葍
之類也皆
上下可食
然而其根
有美時有
惡時采之者不可以根惡時并棄其葉集傳
葑蔓菁也菲似葍莖麄葉厚而長有毛○爾
雅須蕵蕪註似羊蹄葉細酢可食然則須今
思各莫拔姑也集傳從鄭氏云蔓菁則今葍
不賴也二說不同

采葑采菲·日本江户时代橘国雄《毛诗品物图考》

丨台北故宫博物院·藏丨

西汉史游《急就篇》中记载:“老菁蘘荷冬日藏,”师占注:“秋种蔓菁,至冬则老而成就。”秋种冬藏蔓菁以御冬。东汉后期,黄淮流域、中原和西北地区已大面积种植芜菁。东汉后期的《四民月令》中有“四月收芜菁”,首次记述了黄河中下游一带种植芜菁的栽培方法。芜菁既是一种高产经济作物,也是荒年的应急食物。《后汉书·本纪·孝桓帝纪》记载,东汉“永兴二年(154年)六月蝗灾为害,诏令所伤郡国种芜菁以助人食”,因蝗灾肆虐,五谷不登,遂诏令受灾地种芜菁以解民之食饥。三国时期蜀国军师诸葛亮将中原的栽培技术带到西南地区。他带兵作战时,每到一地就命士兵在驻扎地周边种芜菁,以补军粮之缺。

唐代韦绚《嘉话录》中解析了诸葛亮为何令兵士独种芜菁,“取其才出甲,可生啖,一也;叶舒可煮食,二也;久居则随以滋长,三也;弃不令惜,四也;回则易寻而采,五也;冬有根可劚(zhú,有“砍、掘”之义)食,六也”,列举了种芜菁的六大好处,其根茎叶均可食,比其他蔬菜“其利甚博”,好处更大。因为这种菜四时皆可食,可解决百姓温饱而造福一方,故被称为“孔明菜”“诸葛菜”,现在西南地区仍有这种叫法。另据《名医别录》记载,南北朝时芜菁仍是四川西部的主要栽培作物。

胜作“十顷谷田”

魏晋南北朝时期,芜菁的种植技术和品种都有很大提高。《齐民要术》详细记载了在黄河中下游一带依芜菁播种期不同而作为叶菜、根茎菜的栽种情况,“七月初种之,……九月末收叶,仍留根取子……十月中,犁出,拾取耕出者……六月种者,根虽粗大,叶复虫食;七月末种者,叶虽膏润,根复细小;七月初种,根叶俱得”,采用分期排开播种,使自春至秋,都有蔬菜供应。此外,还记载了“桑下间种芜菁”“六月间,麻子地间散芜菁而锄之,拟收其根”,说明当时人们已经认识到不同作物之间的共生和互生关系,通过间种套种田间配置方式,不仅可提高土地利用率,而且达到肥田、提高芜菁产出率的

葑·日本江户时代细井徇《诗经名物图解》
| 日本国立国会图书馆·藏 |

效果。此外，还提到用草木灰和旧墙土做底肥肥田的经验。旧墙土中微生物和类硝酸盐类成分高，有利芜菁丰收。这种合理施肥的典型事例，在古代西方是十分罕见的。

贾思勰在《齐民要术》中还记载了种植芜菁产生的巨大经济价值。书中说"若值凶年，一顷乃活百人耳"，因为收益巨大，可知它的种植面积已经很大。除了食用根叶，此时已经开始利用籽实榨油，"一顷收子二百石，输与压油家"，可以换成三倍约六百石的米，胜过种十顷谷田。芜菁榨油比粮食种植更能带来大收益，不仅促进了社会分工，还出现榨油专业户。

据《魏书·吐谷浑传》记载，当时西北游牧民族吐谷浑也种植芜菁，"亦知种田，有大麦、粟、豆，然其北界气候多寒，唯得芜菁、大麦、故其俗贫多富少"。芜菁是耐高寒的植物，西北高原虽日照短，但配合夜间低温，反而会促进芜菁肉质块茎的膨大。据说当年唐代文成公主入藏时，也带去了芜菁种子。

明末农学家徐光启针对南方梅雨季节，芜菁不生根只生薹的情况，在《农政全书》"树艺"篇中说，"近立一法，可得佳种：凡芜菁，春时摘薹者，生子迟半月；若摘薹二遍，即迟一薹一遍，拟夏至后收子；其一摘薹二遍，拟小暑后收子”。根据芜菁生长特点和南方梅雨节气的变化规律，通过增加菜薹采摘次数，延迟根茎收获时间，而获得比较满意的块茎，通过适时的采摘、施肥、培壅，既可在夏季获得叶芽菜，又可在秋季获得满意的根茎菜。

菜之美者 具区之菁

太湖地区的芜菁是先秦时期公认的美味栽培蔬菜,《吕氏春秋·本味》记载“菜之美者，……具区之菁”,“具区”指太湖地区。北魏时并州（今山西中部地区）所产芜菁“根其大如碗口”，有“九英”“细根”两个品种,“九英”叶根粗大，气味不如“细根”，常作为塞北军粮。北魏时,“近市良田一顷，七月初种之”“秋中卖银（根），十亩得钱一万”，可见芜菁的种植规模和市场销量都

诸葛菜·日本江户时代毛利梅园《梅园百花画谱》

| 日本国立国会图书馆·藏 |

很可观。魏晋时期，南北皆种植芜菁，加工方法也逐渐增多。南朝梁宗懔《荆楚岁时记》中记载，“仲冬之月采撷霜燕、菁、葵等杂菜干之，并为咸菹”，人们在农历十一月采摘芜菁等各种蔬菜，晒干水分后腌渍贮存，以备菜荒时食用。

在唐代以前，芜菁一直在根茎类蔬菜中占据主导地位。唐代以后，随着蔬菜的交流和引进，品种越发丰富。此外，人们在口感上也认为“芜菁熟食不如萝卜，腌制不如芥菜”，故芜菁的种植面积逐渐缩小。到宋代，芜菁在北方的种植区域远远大于南方。北宋宰相苏颂说，“芜菁南北皆有，北土尤多”“河朔多种，以备饥岁”，“河朔”指的就是黄河以北地区。苏颂还大加赞美芜菁是“菜中之最有益者”，春食苗，夏食心（亦谓之薹子），秋食茎，冬食根。夏秋菜籽熟时榨油。元代，蒙古人把芜菁称为“沙儿木吉”。新疆维吾尔族人称它为“恰玛古”。

芜菁甘蓝是芜菁和甘蓝杂交形成的后代，原产于地中海沿岸和瑞典等地，古希腊和古罗马时期已有栽培。清光绪三十三年（1907 年），清代驻德国外交大臣孙宝琦经由德国引入芜菁甘蓝，因其肉质根呈白色，故称“白头小芜菁”。内蒙古从苏联引进芜菁甘蓝后，用俄语音译称为“卜留克”。芜菁甘蓝在中国有些地方俗称“土苤蓝”“洋蔓菁”“洋大头”。

现在，芜菁在中国部分高寒地区主要作为经济作物种植；而在湖北襄阳和温州，则是作为地区特色蔬菜加以保留；而在古代蔓菁的主要分布地华北地区和黄土高原一带，几乎退回到了“野菜”的状态。

莱菔“天下通有之”

《诗经·小雅·信南山》中有“中田有庐，疆场有瓜。是剥是菹，献之皇祖”的记载，郭沫若《十批判书》解释“庐”为芦菔，也就是萝卜。而这一解释，在东汉许慎《说文解字》中得到证实，“芦，芦菔也。从草，卢声”。古时，“卢”与“庐”通用。《信南山》是一首周王室祭祖祈福的乐歌，意思是说：田里长着萝卜，地头种着瓜果蔬菜。将它们削皮切块腌渍成咸菜，奉献给伟大的先祖。

芜菁·清代吴其濬《植物名实图考》，清道光山西太原府署刻本

白萝卜（上）和红萝卜（下）· 清末广州画坊《各种药材图册》

| 荷兰国立世界文化博物馆 · 藏 |

《后汉书》还记载西汉末年政权更迭时期，被困在宫殿中的数百名宫女依靠挖掘庭院中的芦菔根解饥度日。萝卜最早的性状描写，出自西晋训诂学家郭璞对《尔雅》的注："芦菔，芜菁属，紫花，大根，俗呼雹葖。"由于芜菁和萝卜外形相似，早期人们常将萝卜误认为是芜菁属，这种认识一直持续到晋代。

北魏农学家贾思勰在《齐民要术·蔓菁》中记载了萝卜的栽培方法，"种菘、芦菔法，与芜菁同"，种植萝卜主要采用播种和扦插种植法。采用侧枝扦插法，可使耐抽薹萝卜移栽苗成活率较高，根系比较发达，植株较健壮，培育出的后代遗传性稳定，解决了耐抽薹萝卜留种过程中由于植株腐烂导致萝卜种质丢失的问题。

早期萝卜主要是红色和白色两种紫花大根秋冬萝卜品种。经过长时间的栽培驯化，到宋代出现根端为绿色的萝卜，文学家宋祁《绿萝卜赞》记有"类则温菘根端绿"，与现代青萝卜并不相同。宋代，南北各地都有栽培，苏颂《本草图经》中记，"莱菔南北通有，北土尤多。有大小二种，大者肉坚，宜蒸食，小者白而脆，宜生啖。河朔极有大者，而江南安州（今四川绵阳安州区）、洪州（今江西南昌）、信阳（今河南信阳）者甚大，重至五六斤，或近一称（同'秤'），亦一时种莳之力也"，可知当时萝卜品种的丰富。

南宋时，长江流域已有较大面积的商品性栽培。尤以浙江吴兴所产的萝卜为最，因品质佳而成为贡品。南宋诗人杨万里诗曰："雪白芦菔非芦菔，吃来自是辣底玉。花叶蔓菁非蔓菁，吃来自是甜底冰。"因此，味道辛辣的芦菔又有"辣玉"的美称。

元代胡古愚在《树艺篇》中记载："萝卜亦有红白二种，白者为多耳。"元代司农司组织编撰的《农桑辑要》记载："水萝卜正月、二月种，六十日根叶皆可食，夏四月亦可种。大萝卜初伏种之，水萝卜末伏种。"元代以后，萝卜已经成为春、夏、秋、冬四季栽培的作物，分别称为"落地锥""夏生""萝葍""土酥"，是月月可种、可食的重要蔬菜。

明清时期，出现了大量具有地方特色的萝卜品种。太湖萝卜有"赛过金坛藕"的美誉，山东潍县（今山东潍坊市）的青萝卜更是远近闻名。清代人们已

青萝卜·清代金廷标《皇清职贡图》，清乾隆年间武英殿刻本

经对不同类型的萝卜做出较科学的分类。清代末年，天津的营房道萝卜、沙窝萝卜已经出口国外。

广种而利倍

隋唐以后，萝卜已经被大众普遍接受，逐渐取代蔓菁成为我国南北广为栽培的根菜，基本实现商品化并为种植者带来不菲的收入。唐代政治家魏徵在《隋书》中记载了青州总管张威因家奴贩卖“芦菔根”而获罪的事件，由此可知当时青州萝卜在隋代就很出名，而且贩卖获利颇丰。唐代杨晔在《膳夫经手录》中说，“萝卜，贫窭之家与盐饭偕行，号为三白”，当时的贫困人家大多以萝卜和盐及米饭度日。杜佑《通典·食货三》记载了唐朝规定萝卜干可代主粮，与大麦、荞麦等一同缴税。由于种植萝卜有利可图，到五代时甚至出现为种植、贩卖萝卜而放弃做官者。陶谷《清异录》记载王奭这个人“善营度”，“每年止种火田玉乳萝卜、壶城马面菘，可致千缗[①]”，因此他不让自家孩子出仕做官。

宋代萝卜的栽培和贩卖更加普遍，许多州府都经营有一定规模的菜园，且带来巨大的经济效益。至宋英宗时，皇帝觉得衙门种菜有失官府体统，于是下令：“今后诸处官员廨宇，不得种植蔬菜出卖。”但为显示皇帝对下属体恤怀柔，

① “钱一缗”等于一千文铜钱，一千缗就是百万文铜钱，在当时可以换十万斗粗粮。

因此，只允许自食。

到元代，种植蔓菁与萝卜仍是人们快速致富的手段。《王祯农书》中说："蔬茹之中，惟蔓菁与萝卜可广种，成功速而为利倍。"明清时期，萝卜已经成为大众化蔬菜品种，可以四时供应。曾任明翰林、御史等职的王象晋在其植物学著作《二如亭群芳谱》中说：萝卜"月月可种，月月可食"。

随着萝卜食用的大众化，人们在萝卜的加工、制作、烹饪方面也有很大的发展。早在唐代萧炳在《四声本草》中记载了将萝卜捣烂揉进面里做成面片，类似于面片汤的馎饦，这种食物可以做主食食用。明代以后，在江苏常州等萝卜重要产区，已经形成了红萝卜种植体系和萝卜干腌制的产业链。相对于生萝卜，腌制的萝卜菹和暴晒的萝卜干更便于储存和贩卖运输。

清代著名植物学家吴其濬在《植物名实图考》中，极其生动地描绘过北京"心里美"萝卜的特点，"冬飚撼壁，围炉永夜，煤焰烛窗，口鼻炱黑。忽闻门外有萝卜赛梨者，无论贫富髦雅，奔走购之，唯恐其越街过巷也"。他在北京为官时，晚上总要出来挑选些萝卜回去，他对"心里美"萝卜的评价是："琼瑶一片，嚼如冷雪，齿鸣未已，从热俱平。"

萝卜味甜，脆嫩、汁多，"熟食甘似芋，生荐脆如梨"，其效用不亚于人参，故有"十月萝卜赛人参"之说。民间流传有"萝卜上市，药铺关门"的谚语。

第二节 葱 蒜 韭 荽 薹

——葱蒜韭荽薹，立春食五辛。

岁序已云殚，春心不自安。
聊开柏叶酒，试奠五辛盘。
——南北朝庾肩吾《岁尽应令诗》

中国古时有立春食“五辛”的风俗，食材为葱、蒜、韭、荽、薹。立春是农历二十四节气中的第一个节气，是阴消阳长、草木萌发的季节，此时，吃春天里最早萌发的“五辛菜”，既有顺时、迎时新之义，又有助于生发人体五脏之气，以备开始新一年的生产生活。

立春食生菜

食“五辛”的风俗，源于汉代立春“尝新”。东汉崔寔《四民月令》里有“立春日食生菜”的记载。生食蔬菜，意在尝新。魏晋时期，“生菜”的范围缩小到“以味道辛辣的小菜苗儿”。晋代周处的《风土记》最早记载了五辛盘，“元日造五辛盘”，“元日”指的是农历正月初一，也就是如今的传统节日春节。南朝梁宗懔（lǐn）在《荆楚岁时记》中注：“五辛即大蒜、小蒜、韭菜、芸薹、胡荽是也。”魏晋南北朝时期，大兴礼佛之风，认为葱、韭、薤（xiè）、蒜这四种食物，有“荤人五脏、乱人心性”的特性，不利于心性修持，因此，将它们归入禁食者之列。

虽然古人食“五辛”的内容，随时代和区域有所变化。但味道辛辣、清苦的“葱、蒜、韭、荽、薹”这五种田蔬，是立春“发五脏之气”的最佳时蔬。

六月别大葱

葱，百合科葱属多年生宿根草本植物。葱起源于中国西部和俄罗斯西伯利亚，由野生葱在中国经驯化和选择而来。别名芤、菜伯、和事草等。

《郭注》对《尔雅》中山葱的解释是：“葱生山中，细茎大叶。食之香美于常葱。”《山海经·北山经》记载：“边春之山，多葱、葵、韭……北单之山，无草木，多葱、韭。”可知野生的葱、韭遍山都有。后秦皇帝姚泓时期的太官丞程承赞道：“安定噎鸠之麦，洛阳董德之磨，河东长若之葱，陇西舔背之犊，抱罕赤髓之羊，……仇池连蒂之椒。”用加了“河东葱”和“仇池椒”做的牛羊肉馅饼非常美味。

葫（胡葱）· 明代文俶《金石昆虫草木状》
明万历时期彩绘本
| 台北图书馆 · 藏 |

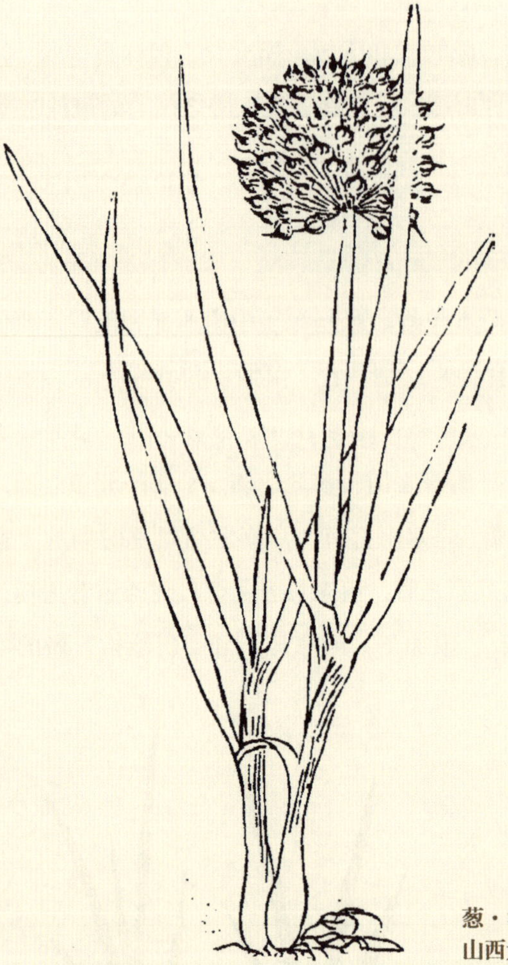

葱·清代吴其濬《植物名实图考》，清道光山西太原府署刻本

唐宋以后，文人们的诗词中更增加了对葱的赞美，陆放翁的“瓦盆麦饭伴邻翁，黄菌青蔬放箸空。一事尚非贫贱分，芼羹僭用大官葱”；陈师道的“径须相就踏泥潦，已办煮饼浇油葱”，可见葱在美食中的使用和地位。

东汉崔寔的《四民月令》记载：“三月别小葱，六月别大葱，夏葱曰小，冬葱曰大，”可知当时已有大小品种之分，并因时安排种植。汉宣帝时，渤海郡守龚遂劝民农桑的施政策略，就是命郡中百姓每人种一百棵小蒜、五十棵葱，一小块韭菜，再养两只母猪，五只鸡，这样百姓生活富足，社会安定。

北魏贾思勰《齐民要术》中的“种葱法”，总结了用炒过的谷子同葱籽拌种的办法，“不以谷和，下不均调。不炒谷，则草秽生”，防止播种时稀密不匀。元代《王祯农书》对大葱的栽培技术也有详细记载：“留春月调畦种。……疏行密排，猪鸡鸭粪和粗糠壅之，不拘时，冬葱暑种则茂。”那时大葱的不同类型已经形成，分为普通大葱、分葱、胡葱和楼葱四个类型。《齐民要术》还记载了绿豆与葱，粮菜作物和绿肥的轮作复种技术，以提高土地利用率。此外，他认为：“凡美田之法，绿豆为上，小豆、胡麻次之。”至18世纪50年代，英国才实行绿肥轮作制。而据《齐民要术》的记载，中国比西方要早一千二百多年。

清末民初徐珂编撰的《清稗类钞》记载：“北人好食葱蒜，亦以北产为胜，不论富贵贫贱之家，每饭必具，此言不为过之语。”其实不仅北方人爱吃葱，南方人也吃葱，只不过多熟吃。但远没有北方人那么爱吃，所以葱的产量和栽种面积远远不如北方。

中国大葱经朝鲜半岛传入日本，日本关于大葱的记载最早见于918年，现在栽培已很普遍。中国大葱，1583年传入欧洲，19世纪传入美国，但欧美国家栽培较少。近年来，我国大葱每年都出口到东南亚等国。

家园蒜自珍

蒜，百合科葱属多年生草本植物。中国本土有野生蒜，南北普遍栽培。《尔雅·释草》中说，“蒚（lì），山蒜”，其下有注：“今山中多有此菜，如人家所种者。”《大戴礼记·夏小正》中说，“十二月纳卵蒜”，十二月时收藏卵蒜。卵蒜是中国原产野生蒜，瓣小，谓之卵蒜。此外，还有山蒜、泽蒜、石蒜等称谓。

到西汉时，张骞出使西域将胡蒜引种到陕西关中地区。大蒜起源于中亚、西亚或地中海区域。李时珍的《本草纲目》对此做了全面的补正，“大蒜之种，自胡地移来，至汉始有”。大蒜传入中国后，由于瓣大、味辛甘的特性，很快成为人们日常生活中的美蔬和调料，与葱、韭菜并重，与盐、豉齐名。北魏

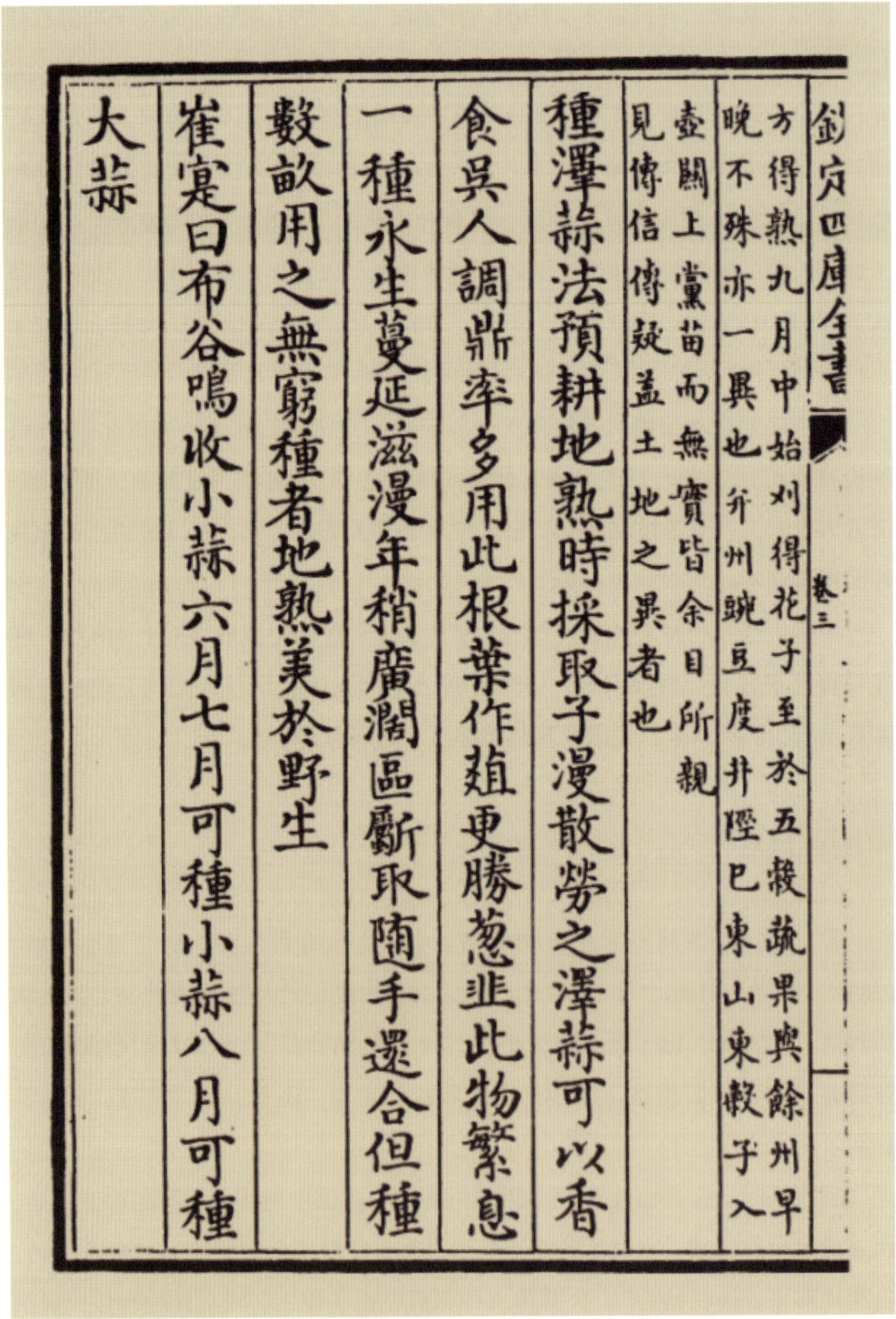

欽定四庫全書　卷三

方得熟九月中始刈得花子至於五穀蔬果與餘州早晚不殊亦一異也并州豌豆度井陘已東山東穀子入壺關上黨苗而無實皆余目所親見傳信傳疑蓋土地之異者也

種澤蒜法預耕地熟時採取子漫散勞之澤蒜可以香食吳人調鼎率多用此根葉作葅更勝葱韭此物繁息一種永生蔓延滋漫年稍廣濶區斸取隨手還合但種數畝用之無窮種者地熟美於野生

崔寔曰布谷鳴收小蒜六月七月可種小蒜八月可種

大蒜

种泽蒜法·北魏贾思勰《齐民要术》，钦定四库全书

蒜·明代文俶《金石昆虫草木状》，明万历时期彩绘本

| 台北图书馆·藏 |

农学家贾思勰在《齐民要术》中记载了一种“八和齑（jī）”的制作方式，“蒜：净剥，掐去强根，不去则苦。……朝歌大蒜，辛辣异常，宜分破去心，全心用之，不然辣，则失其食味也”。制作时，“先捣白梅、姜、橘皮为末，贮出之。次捣粟、饭使熟，以渐下生蒜，蒜顿难熟，故宜以渐。生蒜难捣，故须先下”，大蒜是制作八和齑的首选佳佐。

南北朝时，黄河中下游一带主要栽培紫皮蒜，山西栽培的基本是小瓣蒜。《齐民要术》“种蒜法”中说：“今并州无大蒜，朝歌取种。一岁之后，还成百子蒜矣，其瓣粗细，正与条中子同。”山西从河南引种过去的大蒜，种一年之后，又会成为百子蒜（小瓣蒜）。古人发现大蒜的气生鳞茎可以用来繁殖，即选择蒜薹中间的蒜子来种，第一年为独头蒜，第二年便成大蒜，蒜头特别大，这就是《齐民要术》中记载的“大蒜条中子繁殖法”。古人认为栽培大蒜应注意土壤的选择，“白软地”种出的大蒜味甜、个大。

唐宋以后，食蒜的方法更多，好蒜者随处可见。宋代浦江吴氏《中馈录·制蔬》介绍了蒜瓜、蒜苗干、做蒜苗方、蒜冬瓜四种食蒜法。明清时期，大蒜的商业贸易更趋活跃。江苏松江府大蒜仰及于崇明，湖南攸县大蒜远销至湖北，河北昌黎大蒜远销辽宁营口。清末，山东平度大蒜经由铁路远销各地。民国时期，浙江梅里、广东开平等地的大蒜出口远销南洋。

葱姜蒜是中国老百姓日常生活中的刚需蔬菜，著名的章丘大葱、莱芜生姜、苍山大蒜都产自山东。山东是中国人的菜篮子，寿光是中国最大的温室蔬菜供应基地，也是北魏农学家贾思勰的故乡，自古以来物阜民丰。贾思勰是北魏时期著名的农业科学家，做过高阳郡太守。贾思勰所处的时代正值动荡，身为地方官的他深知农业生产对国计民生的重要性。他认为：若政权稳定，国家安宁，就必须“安民”，“安民”就得“富民”，让人民吃饱饭，而要解决百姓吃饭问题，就必须重视农业生产，明确“以农为本”，是“国以富强”的“不朽之术”。

大约在9世纪初，大蒜从中国先后传入朝鲜半岛和日本。在16世纪初期，大蒜被探险家和殖民者带到南美洲和非洲等地。18世纪后期，大蒜又被引种到北美洲。现在全世界除南极洲外，各大洲均种植大蒜。

春初剪早韭

韭，百合科葱属多年生草本植物。原产亚洲，中国是原产地之一。许慎在《说文解字》中说：“韭字，象叶出地上形。一种而久生，故谓之韭。”韭菜，俗名懒人菜。因为只要种一次，割了又长，长了又割。

韭菜的种植历史十分久远，《夏小正》中有“正月，……囿有见韭”，说明当时已经在苑囿中种植韭菜。《诗经·豳（bīn）风·七月》也记载有“四之日其蚤（通‘早’），献羔祭韭”，说明三千年前中国人已经种植和食用韭菜，而且将它作为祭祀祖先的食品。秦汉时已经有了韭菜配鸡蛋祭祖的礼制，《礼记》中有“庶人春荐，韭而以卵”。一千五百多年前，南齐的文惠太子问名士周颙（yóng）：“菜食何味最胜？”周颙答：“春初早韭，秋末晚菘，”由此可知古人对于春韭早已迷恋。

西汉时，渤海地方官规定每人种“一畦韭”。宋代也规定：“男女十岁以上，种韭一畦。”元代时，韭菜已是热销的蔬菜品种。《王祯农书》记载，“凡近城郭园圃之家，可种三十余畦。一月可割两次，所易之物，足供家费”，可见当时城郊种菜专业户的种菜规模及韭菜的市场经济价值不容小觑。

韭菜是多年生植物，可以分根繁殖。明代《便民图纂》中记有，“旧根常留分栽，更不须撒子矣”。韭菜的新生鳞茎，有向地面生长的特性，俗称“跳根”。在《齐民要术》中也记载韭菜有“根性上跳”的特性，据此提出“然畦欲极深。韭一剪一加粪”的栽培技术。韭菜鳞茎是贮藏营养器官，也是幼苗再生的重要组织，保护好新生的鳞茎，有利于促进韭菜生长。现代栽培学同样强调要重视植物的栽植深度，认为对“韭菜寿命和分蘖均有影响”。

现代科学证明：新韭菜籽和陈韭菜籽的活力不同。将它们同时放在 80℃热水中，继续加热至 100℃，并维持 4 ～ 5 分钟，新籽不久便露白“生芽”，陈籽则否。《齐民要术》中详细记载了鉴定种子质量的方法，“若市上买韭子，宜

韭·明朝文俶《金石昆虫草木状》，明万历时期彩绘本

｜台北图书馆·藏｜

種韭第二十二

廣志曰弱韭長一尺出蜀漢王彪之關中賦曰蒲韭冬藏也

收韭子如葱子法若市上買韭子宜試之以銅鐺盛水於火上微煑韭子須臾芽生者好芽不生者是浥鬱矣治畦下水糞覆悉與葵同然畦欲極深韭一翦一加糞又根性上跳故須深也二月七月種種法以升盞合地為處布子於圍內韭性內生不向外長圍種令科成耨令常淨韭性多穢數耨為良高數寸翦之初種時止一翦至正月掃去畦中陳葉凍解以鐵杷耬起下水加熟糞韭高三寸便翦之翦如葱法一歲之中

种韭法 · 北魏贾思勰《齐民要术》，钦定四库全书试之：以铜铛盛水，于火上微煮韭子。须臾芽生者好，芽不生者，芽浥郁矣”。根据种子新旧不同，吸水膨胀速度也不同的特点，来鉴定种子质量，这是中国古代在种子科学上取得的重要成就。

西汉时，由于温室技术的发明，人们已经有条件在冬季为皇室提供葱、韭等反季节蔬菜了。《汉书·召信臣传》记载：“太官园种冬生葱、韭菜茹，覆以屋庑，昼夜燃蕴火，待温气乃生。”古代将这种韭菜称为“温韭”，即人工加温培育而成，这是有史以来最早的人工加温促成栽培。

为满足人们冬季也能吃韭菜的要求，宋代还发明了韭黄培植技术。大诗人苏轼有“渐觉东风料峭寒，青蒿黄韭试春盘”的诗句。陆游《与村邻聚饮》中说：“鸡跖宜菰白，豚肩杂韭黄。”陆游在《蔬食戏书》诗中对产自四川新津的韭黄特别赞美，“新津韭黄天下先，色如鹅黄三尺余”。孟元老在《东京梦华录》中也记载：“十二月，街市尽卖撒佛花、韭黄、生菜、兰芽……”从这些诗文记载来看，经过温室种植，在冬季比较稀有的韭黄、芽菜等蔬菜已经不再是少数权贵的专利，这也反映了宋代采用温室培育蔬菜的普及程度。

元代还发明了利用土窖、风障的保护措施，促进韭菜窖内软化和阳畦栽培技术。《王祯农书》中说“(韭)至冬，移根藏于地屋荫中，培以马粪，暖而即长”，将韭菜移至土窖，不见风日，叶子黄嫩的韭黄，价格反而比普通韭菜还贵数倍，在北方尤为珍贵。还有一种就是在土窖阳面，用高粱秆搭成藩篱以遮挡北风，至春芽长出二三寸时，收割尝新韭。

明代在江南地区又创造了盖土栽培技术，明代《便民图纂》中有记载：“十月将蒿草灰盖三寸许，又以薄土盖之，则灰不被风吹。立春后，芽生灰内，可取食，天若晴暖，二月终，芽长成韭。”如今，江浙两地还在使用这一技术培育韭黄。

香菜晚羹甜

荽，伞形科芫荽属草本植物，原产地中海沿岸及中亚地区，现在全世界广泛种植，别名胡荽、香荽、芫荽、香菜等。

胡荽·清代吴其濬《植物名实图考》，清道光山西太原府署刻本

西晋张华《博物志》记载了汉代张骞出使西域，“得安石榴、胡桃、大蒜、胡荽”，将西域的胡荽带回中原种植的情况。十六国时期，后赵皇帝石勒因讳胡，故称胡荽为“香荽”。河南叫芫荽，而南方仍称芫荽、胡荽或香菜。《齐民要术》有“种胡荽”篇，说可以“一亩收十石”。《齐民要术》详尽地论述了种植芫荽所需要的各种先决条件，并比较了不同地区、不同方法种植出来的芫荽在品质上的差异，指导当时的农人在种植芫荽时需要注意的细节。《齐民要术》还对芫荽的食法也有罗列，腌制芫荽是书中特别提到的内容，这对于延长芫荽的保存时效有着非同寻常的意义。

明代龚敩（xiào）诗颂：“子鹅春饼细，香菜晚羹甜。”立春时节，一张春饼，就一碗香菜羹，迎接新春的到来。香菜是一种重要的调味蔬菜，今天中国各地均有栽培，以华北地区最多。

百亩庭中半是薹

芸薹，十字花科芸薹属二年生草本植物。芸薹的原产地，在地中海沿岸到中东地区，从西亚一带传入中国。因开花的时候会抽出很长的花莛，故名芸薹，别名油菜、寒菜、胡菜、苔芥、青菜、胡菜、薹菜。

在距今七千年至五千年前，甘肃秦安大地湾遗址和陕西西安半坡遗址都出土有炭化芸薹属菜籽。经专家考证，芸薹在历史上曾多次传入中国。东汉经学家服虔《通俗文》记，“芸薹谓之胡菜”。最早种植在“胡、羌、陇、氐”等地，即现在的青海、甘肃、新疆、内蒙古一带，其后逐步在黄河流域发展，后又传播到长江流域一带广为种植。

《齐民要术》记载了黄河流域以取叶与收子为目的，芸薹不同的栽培方法，“种蜀芥、芸薹、芥子”“蜀芥、芸薹、取叶者，皆七月半种。……种芥子及蜀、芸薹收子者，皆二三月好雨泽时种。……五月熟而收子”。从上述记载看，芸薹可能是与蜀芥和芥形态接近的蔬菜，叶子可食，种子可榨油，但

芸薹 · 清末广州画坊《各种药材图册》

| 荷兰国立世界文化博物馆 · 藏 |

芸薹菜·清代吴其濬《植物名实图考》，清道光山西太原府署刻本

主要以蔬菜为主。南朝医药学家陶弘景在《名医别录》中云芸薹“乃人间所啖菜也”。芥菜型油菜已有“青芥、紫芥、白芥、南芥、旋芥、花芥、石芥”七个品种。

唐代诗人刘禹锡在《再游玄都观》诗中描写了长江流域芸薹大规模种植的情况，“百亩庭中半是薹，桃花净尽菜花开”。北宋衣冠南渡后，随着食用、照明等油料消费的激增，人们急需寻找适合当地栽培的油料作物。芸薹被列入油料作物，主要用于榨油。宋代苏颂《本草图经》开始采用“油菜”的名称，说它“出油胜诸子”，菜籽油不仅可烹饪，点燃后还可照明，饼粕还可作肥料。宋应星在《天工开物》中认为在各种油品中“芸薹子次之”“芸薹子每石得三十斤”。在当时每百公斤菜籽，一般可榨油三十公斤以上。南宋吴自牧《梦粱录》记载了杭州一带的菜品约 40 种，代表了南方蔬菜种类，其中薹心矮菜、矮黄、大白头、小白头、夏菘、黄芽等当属白菜系列。

元明之际，芸薹被驯化为蔬菜、油料兼用的白菜类型北方小油菜。李时珍《本草纲目・菜部・芸薹》中记：“九月、十月下种，生叶形色微似白菜。冬、春采薹心为茹”，“结荚收子，……炒过榨油黄色，燃灯甚明，食之不及麻油。近人因有油利，种者亦广云”。南宋吴自牧《梦粱录》和清代吴其濬《植物名实图考》中明确将油菜分为油辣菜（芥菜型油菜）和油青菜（白菜型油菜）两大类，并说油菜“冬种冬生，菜薹供茹，子为油，茎肥田，农圃所亟”。油菜摘心是较为重要的技术措施，《便民图纂》提出“去薹则歧分而结子繁。榨油极多”，通过去薹可以多结籽，增加出油量。

日本学者星川清亲研究认为，中国是白菜型油菜的原生中心，日本早期栽培的油菜来源于中国的北方小油菜，在公元前 1 世纪由中国传入日本，被称为在来种、和种、箒种、赤种，到 1600 年成为油料作物。

1940 年，中国先后从日本和欧洲引入原产于欧洲的甘蓝型油菜，通过杂交技术，培育出植株高大、籽粒大、产量高的芸薹，是长江流域种植的主要类型。

现在，油菜和大豆、向日葵、花生并列为世界四大油料作物。

第三节 白菜

白菘类羔豚，冒土出熊蹯。

自种畦中白菜，腌成瓮里黄齑。
肥葱细点，香油慢炒，汤饼如丝。
早晚一杯无害，神仙九转休痴。

——北宋朱敦儒《朝中措》

白菜，十字花科芸薹属二年生草本植物。中国是白菜的原产地，分布于中国华北等地。别名葑、菘、结球白菜、包心白菜、黄芽白、胶菜等，粤语称绍菜。

大白菜是北方百姓冬季餐桌上的当家菜，无论煎、炒、烹、煮，都能变幻出一道老少咸宜的美味佳馔，故民间有“百菜不如白菜”的说法。

秋末晚菘

大白菜的祖先是葑菜，葑菜是先秦时期对十字花科蔬菜的统称，《诗经》中有“采葑采菲，无以下体”。原生芸薹的根，被人类选育出肉质肥厚且好吃的蔬菜，这就是蔓菁（也称芜菁）。一直到唐代，黄河中下游地区的人们都在食用蔓菁的肉质根茎和叶芽。

东汉晚期，江浙一带成为芸薹的二次驯化中心。原本清苦的芸薹，被人们驯化出了没有苦味的青叶柄菘菜。魏晋以前，菘主产于南方，六朝人周颙清贫寡欲，终年常蔬食。文惠太子问他蔬食何味最胜？他答曰："春初早韭，秋末晚菘。"北魏孝文帝迁都洛阳后，"菘"才开始在洛阳周边的北部地区栽培。《齐民要术》记载了菘的栽培方法，"菘菜似芜菁，无毛而大""种菘、芦菔法，与芜菁同"，说明当时种植菘菜主要采用播种和扦插种植法。南北朝时，菘菜已经成为长江下游等地区王公贵族的盘中餐。

白菘类羔豚

唐代药学家苏敬在《唐本草》中说："蔓菁与菘，产地各异。"蔓菁主要产于北方，菘主要产于南方。经过驯化培育，唐代出现了白菘、紫菘和牛肚菘

菘菜·明代文俶《金石昆虫草木状》，明万历时期彩绘本

| 台北图书馆·藏 |

等不同品种。陶谷《清异录》记载王奭（shì）“善营度”，“每年止种火田玉乳萝卜、壶城马面菘，可致千缗”。为此，他不让孩子们出仕做官。宋代陆佃在《埤雅》中说，“菘性凌冬不凋，四时常见，有松之操，故其字会意，而本草以为耐霜雪也”，说明菘菜已经被培育成了耐寒的四时蔬菜。南宋《梦粱录》和《咸淳临安志》提到的“黄芽菜”，虽然还没有形成叶球，但已经有了心芽。南宋名臣范成大有诗曰：“拨雪挑来塌地菘，味如蜜藕更肥浓。朱门肉食无风味，只作寻常菜把供。”喜食“东坡肉”的苏东坡，也以“白菘类羔豚，冒土出熊蹯”的佳句，把菘菜比作好吃的羊豚、熊蹯来赞美它。

白菘·清末广州画坊《各种药材图册》

| 荷兰国立世界文化博物馆·藏 |

黄牙白·清末广州画坊《各种药材图册》

|荷兰国立世界文化博物馆·藏|

白菜清白

元代，民间开始有“白菜”的称谓。李时珍在《本草纲目》中记载：“菘性凌冬晚凋，四时常见，有松之操，故曰菘。今俗之白菜，其色清白。”栽培的白菜主要是不结球品种，品种比较单一，栽培主要集中在长江下游太湖地区。明中期，浙江杭嘉湖地区成功培育出结球白菜（大白菜）。白菜品种的增加，饮食偏好的改变，促使栽培比重发生了很大的变化，白菜取代葵菜成为“百菜之主”，难怪李时珍感慨说：“古者葵为五菜之主，今不复食之，故移入此（草部）……葵菜古人种为常食，今之种者颇鲜。”

为应对冬季蔬菜淡季，窖藏和腌制是常用的贮藏方法。李时珍说：“南方之菘畦内过冬，北方者多入窖内。”明代北京冬储大白菜已很普遍，“今京师每秋末，比屋腌藏以御冬”。当时的北京菜农仿效韭黄的方法制作黄芽菜，“以马粪入窖壅培，不见风日，长出苗叶皆嫩黄色”，因“脆美无滓”受到富豪之家的追捧。

清代，由于大白菜的迅速崛起，开始向全国各地大规模地传播，逐步形成了长江以北以栽培大白菜为主，长江以南以不结球白菜为主的格局。不结球白菜在长江以南的不同地区，经过相当长时间的培育，也形成了一些适应各地区自然条件的不同品种。

18世纪中叶，大白菜在北方取代了小白菜，且产量超过南方。华北、山东出产的大白菜开始沿京杭大运河，销往江浙乃至华南。鲁迅在《朝花夕拾》的《藤野先生》一文中说："大概是物以希（稀）为贵罢。北京的白菜运往浙江，便用红头绳系住菜根，倒挂在水果店头，尊为'胶菜'。"

经过几千年的发展演变，大白菜已遍布中国大江南北，形成庞大的"白菜家族"。若根据中国南北气候进行大致划分的话，北方有山东胶州大白菜、北京青白、天津青麻叶大白菜、东北大矮白菜、山西阳城大毛边等。南方则有乌金白、黄牙白、蚕白菜、鸡冠白、雪里青等。

今天，在世界各地都有大白菜的身影。明代，中国大白菜传到朝鲜半岛。之后成了朝鲜半岛泡菜的主要原料，韩国电视剧《大长今》中有主人公试种从中国明朝引进菘菜的情节。20世纪初，日俄战争期间，有些日本士兵在中国东北尝到这种菜，于是把它带到了日本。在日本市场上出售的速冻饺子，基本都是猪肉白菜馅的。

第四节　甜瓜　瓠子

——匏有苦叶，济有深涉。

七月食瓜，八月断壶，
九月叔苴，采荼薪樗。
——先秦《诗经·豳风·七月》

甜瓜和瓠子原产于中国，是最早栽培和食用的瓜类蔬菜。

甜瓜，葫芦科黄瓜属一年生蔓性草本植物，原产热带，中国各地普遍栽培，别名白啄瓜。

瓠子，葫芦科葫芦属一年生攀缘草本植物，中国各地有栽培，长江流域一带广泛栽培，别名瓠瓜、甘瓠、甜瓠等。

中田有庐　疆场有瓜

先秦时期，人们就开始在田埂种甜瓜了。《诗经》描绘了先秦时期古人种瓜的场景，“中田有庐，疆场有瓜”；“是剥是菹，献之皇祖”，田埂上收获的瓜，不仅留下自己食用，还要腌制后作为祭祀祖先的贡品。

中国古代甜瓜品种极为丰富。《诗经》中有瓜、瓞（dié）之分，大瓜为瓜，小瓜为瓞。西汉后期的《氾胜之书》有“区种瓜法”，根据《齐民要术》关于甜瓜的记载，表明至迟到汉代，甜瓜的种植已有很大的发展，此后一直为各地

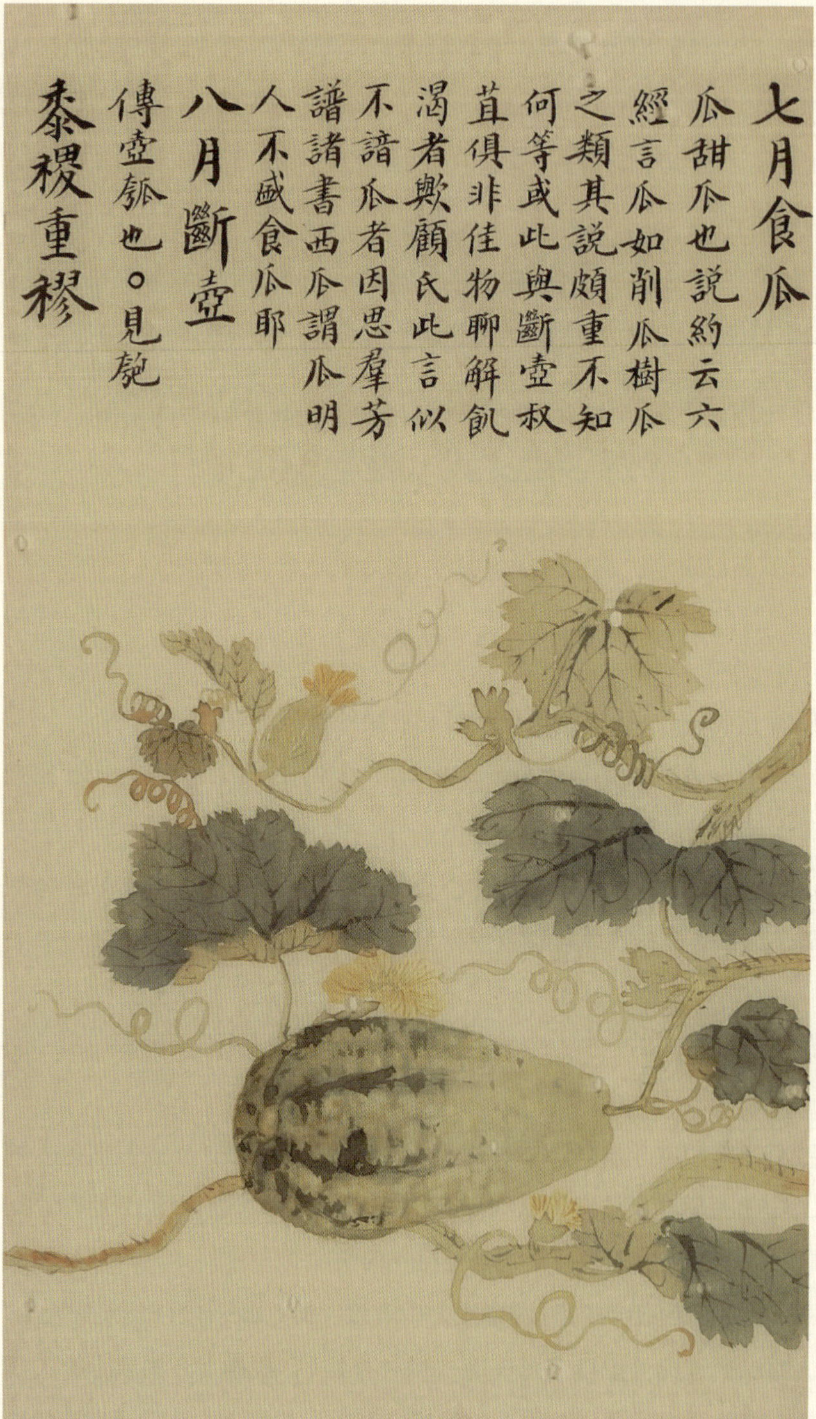
七月食瓜
瓜甜瓜也說約云六
經言瓜如削瓜樹瓜
之類其說頗重不知
何等或此與斷壺叔
苴俱非佳物聊解飢
渴者歟顧氏此言似
不諳瓜者因思羣芳
譜諸書西瓜謂瓜明
人不盛食瓜耶
八月斷壺
傳壺瓠也。見匏
黍稷重穋

七月食瓜·日本江户时代橘国雄《毛诗品物图考》

| 台北故宫博物院·藏 |

最常见的栽培品种。晋代郭义恭在《广志》中记载:“瓜之所出，以辽东、庐江、敦煌之种为美。蜀地温，良瓜冬熟。”到元代，瓜类品种多的令人不胜枚举，只能以形状和颜色命名。《王祯农书》记有:“以状得名，则有龙肝、虎掌、兔头、狸首、羊髓、蜜筒之称；以色得名，则有乌瓜、白团、黄、白、小青、大斑之别。”尽管有这么多品种，然而其味都是以甜瓜称道。明代李时珍在《本草纲目》中说，各地皆有不同优质甜瓜，但“种之功，不必拘于土地”，言外之意还在于人的种植技术水平。

在瓜类的栽培繁殖过程中,《齐民要术》在选取合适的母瓜留种上有具体的要求:“先取本母子瓜，截去两头，止取中央子……。种早子，熟速而瓜小；种晚子，熟迟而瓜大。去两头者：近蒂子，瓜曲而细；近头子，瓜短而口呙（歪）。”由此可见，魏晋时期在遗传育种方面，对蔬菜种性的遗传已经有了明确的认识。《齐民要术》对于甜瓜在侧蔓上结果的特殊遗传习性也有充分的论述，发明了在生产中采取高留前茬、多发侧蔓多结瓜的特殊种瓜法。“种瓜”篇中写道:“瓜引蔓，皆沿茇上。茇多则瓜多，茇少则瓜少。茇多则蔓广，蔓广则歧多，歧多则饶子。”并进一步论述了多发侧蔓的原因,“其瓜会是歧头而生；无歧而花者，皆是浪花，终无瓜矣”，甜瓜只在侧蔓上结果，所以要留高茬，保证发侧蔓多结瓜。今天我们在甜瓜栽培中采用搭架种瓜，其原理是相同的。

在宅院附近种植瓜果蔬菜，是中国古代农民的传统做法。既不占用耕地，又能解决吃菜问题，还可获得相当可观的收入，成为封建社会农民的重要副业之一。《汉书·食货志上》记载:“菜茹有畦，瓜瓠果蓏（luǒ），殖於（于）疆场。”《齐民要术》记载:“瓜收亩万钱。”《王祯农书》记载:“一枚（甜瓜）可以济人之饥渴，五亩可以足家之衣食。”可见经济效益比较突出。

在河南兰考有一种甜瓜很特别，是当地人制作“固阳馍”发酵用的酵头。据说“固阳馍”已经有一千一百多年的历史，远近闻名。兰考紧邻黄河，河岸边的沙地上种植有一种甜瓜，当地人用这种甜瓜制作酵母。使用了这种甜瓜作酵头的酵母，馍不仅色白个大，而且绵甜糯香，具有一种特殊的味道。

幡幡瓠叶　采之烹之

在上中古时期，“瓠”多与“瓜”相提并称，为瓠类植物的总称。《小雅·南有嘉鱼》曰“南有樛（jiū）木，甘瓠累之”；《小雅·瓠叶》曰“幡幡瓠叶，采之亨（烹）之”，瓠果实与叶味甘，可用作蔬菜。《豳风·七月》曰“七月食瓜，八月断壶”，“壶”，通常多视为蔬菜，也即此种。《邶风·匏（páo）有苦叶》曰“匏有苦叶，济有深涉”，所说为可以渡水系身作浮标的葫芦；《大雅·公刘》曰“执豕（shǐ）于牢，酌之用匏”，是以匏酌饮，这是另一种可制作器具的匏。两种多以瓠、匏分别称之，后世所谓“甘瓠苦匏”即是此。从文字使用上说，瓠既是类名，可以概指包括匏在内的同类植物，又是其中可蔬用的独立一种，后世多称瓠瓜、瓠子。匏则是瓠中一种，魏晋以来多称作葫芦，

葫芦·明代文俶《金石昆虫草木状》，明万历时期彩绘本

| 台北图书馆·藏 |

在中国上古神话中，华夏民族是从葫芦中孕育而来的。葫芦瓜迭绵绵、种子众多，作为繁育图腾，象征着生育繁衍、多子多福。

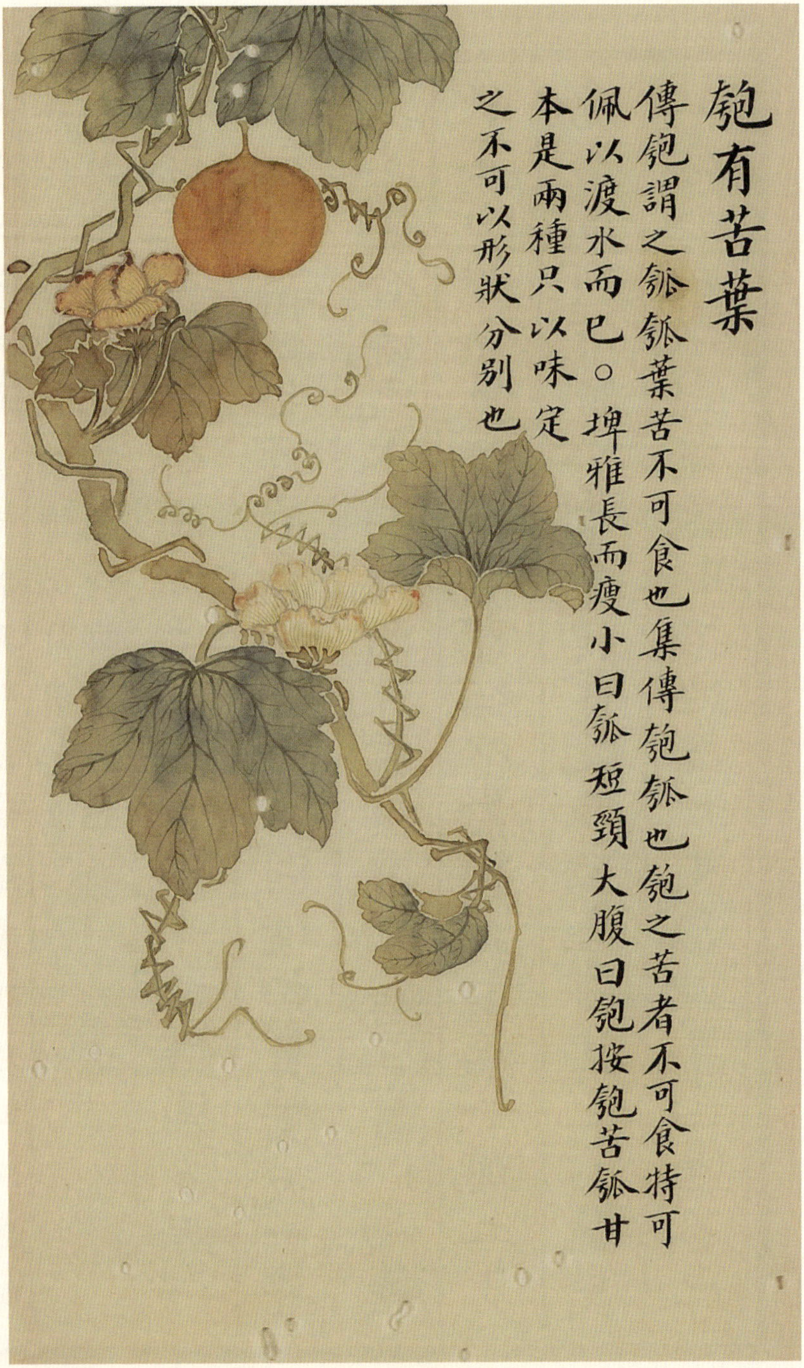
匏有苦葉
傳匏謂之瓠瓠葉苦不可食也集傳匏瓠也匏之苦者不可食特可
佩以渡水而已。埤雅長而瘦小曰瓠短頸大腹曰匏按匏苦瓠甘
本是兩種只以味定
之不可以形狀分别也

匏有苦叶·日本江户时代橘国雄《毛诗品物图考》

| 台北故宫博物院·藏 |

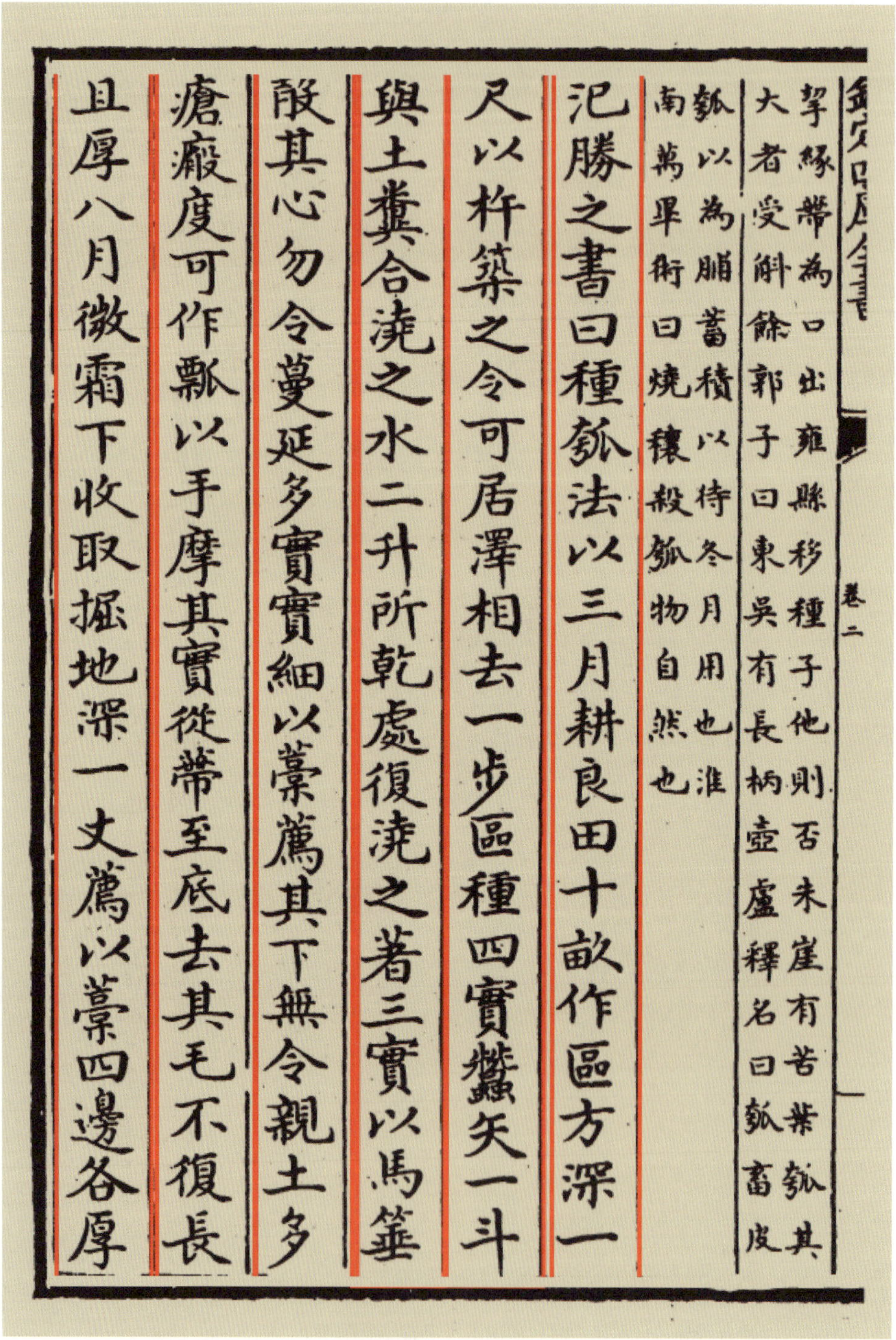

欽定四庫全書　卷二

挐緣蔕為口出雍縣移種子他則否未崖有苦葉瓠其大者受斛餘郭子曰東吳有長柄壺盧釋名曰瓠畜皮瓠以為脯蓄積以待冬月用也淮南萬畢術曰燒穰殺瓠物自然也

氾勝之書曰種瓠法以三月耕良田十畝作區方深一尺以杵築之令可居澤相去一步區種四實蠶矢一斗與土糞合澆之水二升所乾處復澆之著三實以馬箠㲉其心勿令蔓延多實實細以藁薦其下無令親土多瘡瘢度可作瓢以手摩其實從蔕至底去其毛不復長且厚八月微霜下收取掘地深一丈薦以藁四邊各厚

种瓠法·北魏贾思勰《齐民要术》，钦定四库全书嫩时也能食，只是稍苦些。

瓠类作物的利用历史极其悠久。瓠或葫芦子，新石器时期的出土文物中屡屡有见。大约七千年前的河南裴李岗新石器时期遗址即发现有葫芦皮，距今七千年至五千年前的浙江余姚河姆渡遗址出土了小葫芦种子和瓠皮，另如杭州北郊半山水田畈新石器时期遗址曾报道的西瓜籽，被重新鉴定为葫芦或瓠瓜籽。《诗经》多篇言瓠匏,《论语》《庄子》中都记载有以瓠匏譬喻说理。

《齐民要术》将“种瓜”“种瓠”与黍稷、粱秫、大豆、大小麦、水稻等相提并论，都充分反映了瓠类作物在先民生活中的重要地位。葫芦一般是野生的，贾思勰鼓励农民在大田里种植，因为葫芦锯开就可以做瓢，既可以做装物的容器，又可以做浇水的工具。他为农民算了一笔细账：“一本三实，一区十二实；一亩得二千八百八十实。十亩，凡得五万七千六百瓢。瓢值十钱，并值五十七万六千文。”除去必要的成本，这十亩地中的葫芦净收益“余五十五万文”。

宋代以后地方志渐起，瓠与匏、瓠子与葫芦是各地方志物产蔬果中最常见的品种。明弘治《八闽通志》记载：“瓠，似越瓜，长者尺余，夏熟味甘。又一种名匏，夏末始实，秋中方熟，经霜可取为器，俗呼葫芦。”明嘉靖时期《清苑县志》记载：“瓠，味甘，间有苦者。又一种名匏，所谓瓜匏之瓠，即今胡卢。”清乾隆时期《射洪县志》记载：“瓠，瓠之甘者长而瘦，名曰瓠。匏，短颈大腹曰匏。”清道光时期《镇原县志》记载：“瓠子……瓠一名瓠瓜，皆甘滑可食，邑人晒干用者名瓠条”，“壶卢……有二种，有柄而圆者名甜壶卢，可为茹，经霜作瓢。腰细者名苦壶卢，又名药壶卢，入药用。”以上记载，说明明清时期东南、华北、西南、西北不同地区都在食用瓠和匏。嫩时均可作蔬，可烹可齑，成熟的匏或葫芦多制作勺器和盛放一些细杂东西的容器，瓜与籽作药用，成为人们生活中不可或缺的蔬菜，并衍生出丰富多彩的文化。

第五节 苋菜 荠菜

三春戴荠花，桃李羞繁华。

烂蒸香荠白鱼肥，碎点青蒿凉饼滑。
宿酒初消春睡起，细履幽畦掇芳辣。
——北宋苏轼《春菜》

春分是昼夜平分的日子，“春分吃春菜”是百姓不成节的习俗，苋菜、荠菜是春天的第一口鲜。

苋菜，苋科苋属一年生草本植物茎叶菜。苋属植物分布于世界各地，中国有苋属植物十三种。别名蒉、皀荚、人青、汉菜、雁来红、人苋、老来少、三色苋等。

荠菜，十字花科荠属一年生或两年生草本植物叶菜，在中国各地均有分布，别名护生草、鸡腿草、清明草、银丝芥、地米菜。

六月苋 当鸡蛋

苋菜是一个古老的菜种，中国自古就作为野菜食用。《尔雅·释草》中就有“蒉，赤苋”的记载。由此可知，中国人很早就认识并食用野生赤苋菜。李时珍在《本草纲目》中解读了“苋”名的来源，“苋之茎叶，高大而易见，故其字从见”。

唐代始有种植苋菜的记录，唐史学家李延寿在《南史·蔡樽传》中说，

“（樽）及在吴兴，不饮郡井。斋前自种白苋、紫茄，以为常饵”，吴兴人蔡樽在自家宅院前种植白苋菜。唐代以后，有关苋菜的记载更多，品种更丰富。五代后蜀的本草著作《蜀本草》记有“赤苋、白苋、人苋、紫苋、五色苋、马苋”六种苋。到北宋，药物学家苏颂的《本草图经》对各类苋菜的食性和药性都做了详细记载，“赤苋食之甚美”“人苋、白苋俱大寒”“紫苋无毒不寒”“细苋又名猪苋”“五色苋今亦稀有”。苏颂认为“入药者人、白二苋”。由此可知，赤苋、紫苋、五色苋是当时比较味美的苋菜。清代植物学家吴其濬在《植物名实图考》中指出“人苋，……一名铁苋，叶极粗涩，不中食”，并指出马苋（马齿苋）不是苋菜，纠正了前人对马苋属性的误识。

明清以后，对苋菜种植技术的记载开始增多。李时珍在《本草纲目》中说：“苋并三月撒种，六月以后不堪食，老则抽茎如人长，开细花成穗，穗中细子扁而光黑，与青葙子、鸡冠子无别，九月收之。”苋菜过了六七月份的最佳采摘期后，就会变老不堪食。因此，民间有“六月苋，当鸡蛋；七月苋，金不换”的说法。在这里特指与青葙子、鸡冠子无别的青苋品种。明代《方土记》对苋菜种植也有详细记载：“捡肥土，种子，苗生移植，粪水频浇，勤锄。”苋

白苋菜·清末广州画坊《各种药材图册》

| 荷兰国立世界文化博物馆·藏 |

红苋菜·清末广州画坊《各种药材图册》

|荷兰国立世界文化博物馆·藏|

菜喜晴不喜瘠，民间有“晴天的苋菜，雨天的蕹菜”的说法。

清代苋菜已广为种植，但人们仍有采食野苋菜的习惯，并认为野苋菜味道更鲜。清代吴其濬说：“野苋炒食，比家苋更美，南方雨多，速长味薄，野苋但含土膏，无灌溉催促，故当隽永。”江苏吴中有民谚：“立夏有三鲜，樱桃蚕豆和苋菜。”在南方有些地方，仍保留着未成年的外甥要到娘舅家过“夏至节”的习俗，舅舅要用苋菜和葫芦为外甥儿做一顿饭菜以疰（zhù）夏。夏至气候湿热，小孩子往往食欲不振，容易染痢疾，苋菜具有清热解毒、除湿止痢的功效。因此，民间有“吃了苋菜不发痧，吃了葫芦腿脚有力气”的说法。

其甘如荠

自古以来，荠菜就是人们非常喜爱的一种野菜。《诗经》中就有“谁谓荼苦，其甘如荠”的赞美。《尔雅·释草》邢昺（bǐng）疏说，“荠味甘，人取其叶作菹及羹亦佳”，荠菜腌制或做羹汤味道更美。

荠菜在乡野遍地生长，由于清香味美，在富甲云集的唐代长安和洛阳却要论斤卖，“两京作斤卖”。很多文人学士也纷纷为之称赞，留下许多溢美之词。南宋的陆游是荠菜的铁杆粉丝，他不仅潜心钻研荠菜的各种烹饪技法，甚至到了“日日思归饱蕨薇，春来荠美忽忘归”的痴迷程度。《食荠十韵》曰，“炊粳及煮饼，得此生辉光。吾馋实易足，扪腹喜欲狂，一扫万钱食，终老稽山旁”，大加赞美荠菜的味美。大文学家、美食家苏东坡说：荠菜是“天然之珍，虽小甘于五味，而有味外之美”。宋代僧人文莹在他的《玉壶野史》中记录了这样一段关于宋太宗与苏易简的对话：“食何品何物最珍？”对曰：“食无定味，适口者珍，臣只知荠汁为美。”

古人春分吃春菜，不仅在于尝鲜，更在于感恩，在青黄不接之时，最先吐绿的荠菜让人饱腹，甚至救命。荠菜一直以来就是古代老百姓灾荒年的救荒野菜。因此，民间历来有荠菜崇拜。江南甚至还有农历三月三为荠菜过生日的习俗。农历的三月初三是我国古代重要的传统节日上巳节，古时在这一天，人们要举行重要的仪式，用来消灾避邪，祈求吉祥平安。

雁来红 · 日本江户时代毛利梅园《梅园百花画谱》

| 日本国立国会图书馆 · 藏 |

因深秋北雁南来之时，顶叶由淡红色，到如染猩红，鲜艳异常，故名“雁来红”，原产亚洲热带地区，是现在园艺植物“三色苋”的原生代。

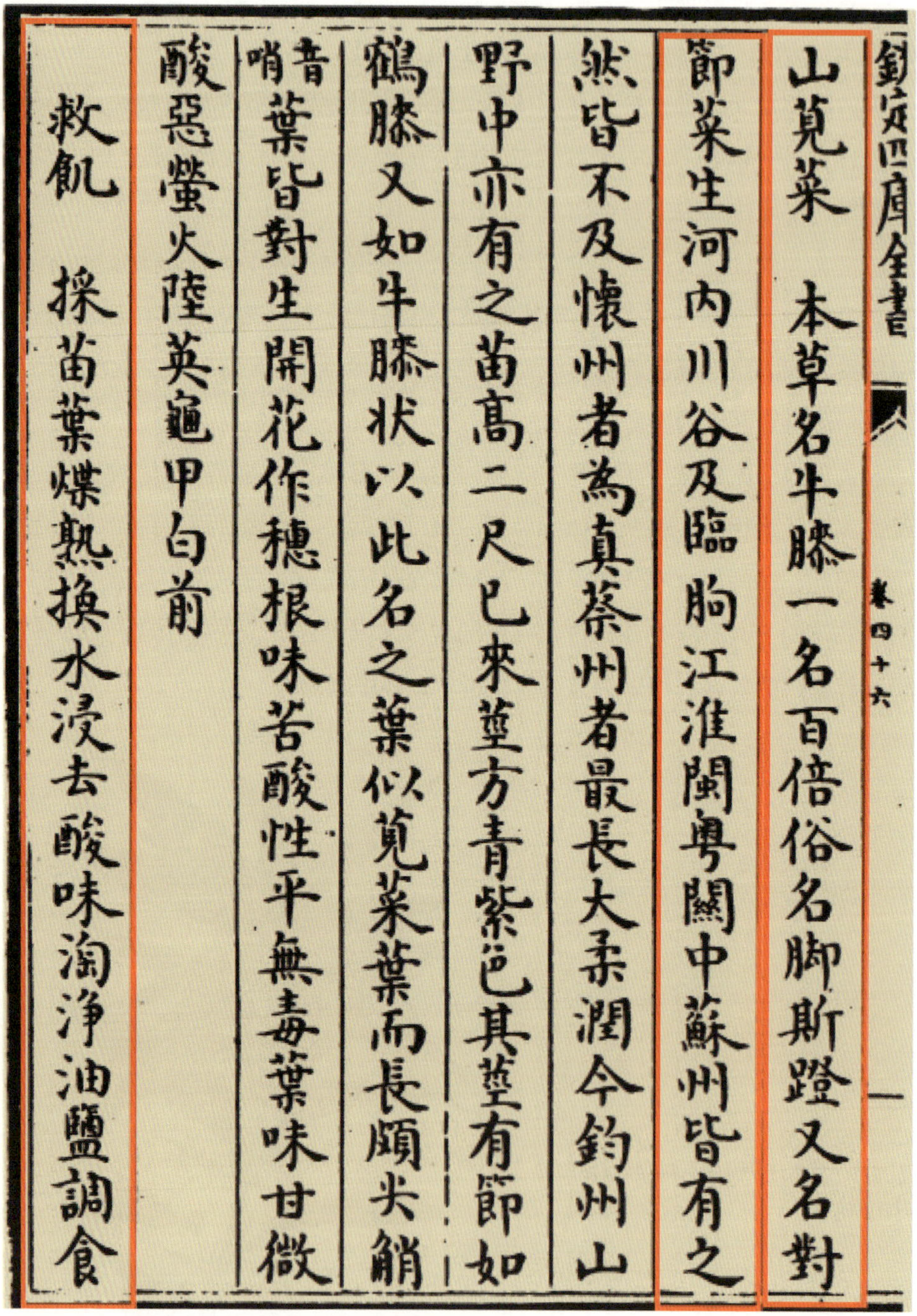
欽定四庫全書　卷四十六

山莧菜　本草名牛膝一名百倍俗名脚斯蹬又名對節菜生河内川谷及臨朐江淮閩粤關中蘇州皆有之然皆不及懷州者為真蔡州者最長大柔潤今鈞州山野中亦有之苗高二尺已來莖方青紫色其莖有節如鶴膝又如牛膝狀以此名之葉似莧菜葉而長頗尖艄音哨葉皆對生開花作穗根味苦酸性平無毒葉味甘微酸惡螢火陸英龜甲白前

救飢　採苗葉煠熟換水浸去酸味淘淨油鹽調食

山苋菜·明代徐光启《农政全书》，钦定四库全书而近古随着风俗的演变，荠菜逐渐承担了香薰草的部分功能，于是在民间兴起了戴、吃荠菜花的节令习俗。明代文学家田汝成所著《西湖游览志》中记载：“三月三，男女皆戴荠菜花。”俗谚：“三春戴荠花，桃李羞繁华。”清代苏州文士顾禄的《清嘉录》有云，“荠菜花俗称野菜花，三日人家以置灶陉上，以厌虫蚁，侵晨村童叫卖不绝，或妇女簪髻上以祈清目，俗称眼亮花”，记录了农历三月初三的苏州，村童们清晨叫卖荠菜花，妇女们将荠菜花别在发髻、插在灶头的江南风俗，认为可以起到应时明目、防虫驱蚁的作用。

其甘如荠·日本江户时代橘国雄《毛诗品物图考》

| 台北故宫博物院·藏 |

荠菜·明代文俶《金石昆虫草木状》，明万历时期彩绘本

| 台北图书馆·藏 |

第六节 空心菜

萍根浮水面，春生满池壁。

买陂塘，半栽芹菜，一冬香满茎叶。浮田更种南园蕹，青与翠萍相接。

——清代屈大均《买陂塘·五首·（其一）》

蕹（wèng）菜，旋花科番薯属草本植物，分布在中国热带多雨地区，性不耐寒。由于缺乏足够的研究，现在还不能确定蕹菜的具体发源地，推测约在中国南部到东南亚一带。蕹菜别名蓊菜、藤藤菜、葓（hóng）菜、瓮菜、竹叶菜等，因其梗中空，又称通心菜、空筒菜、无心菜、空心菜、通菜。

南人浮筏种蕹

关于蕹菜的最早记载出自西晋嵇含《南方草木状》，其中记载，“蕹菜叶如落葵而小干柔如蔓。而中空种于水中，如萍根浮水面，随水上下，南方之奇蔬也”，描述了蕹菜生于水中，是南方奇蔬。由《南方草木状》推知，我国采食蕹菜有一千七百年以上的历史。东晋裴渊《广州记》中载有，“瓮菜，生水中，可以为菹也”，其中的“瓮菜”即蕹菜，可以制成腌菜食用。唐代段公路《北户录》记载了岭南民风土俗，其中有：“蕹菜，叶如柳，三月生，性冷味甜。”

《南方草木状》和《北户录》还详细记载了蕹菜的水上种植方法：“南人编苇为筏，作小孔，浮水上。种子于水中，则如萍根浮水面。及长成茎叶，皆出于苇筏孔中，随水上下，南方之奇蔬也。”“土人织苇簰，长丈余，阔三四尺。植于水上，其根如萍，寄水上下，可和畦卖也。”南越族和岭南粤人利用浮筏栽种蕹菜，可谓是最早的无土栽培。具体做法是：把芦苇编成筏子，在筏上做小孔，使其浮在水面上，把蕹菜种子种在小孔中，就如同浮萍漂浮在水面上一样。利用蕹菜极易生根的特性。待种子发芽后，茎叶便从芦苇的孔中生长出来，随水上下漂浮，成为南方一种奇特的蔬菜，可一块块成畦卖菜。这种浮田，用芦苇或相似的材料编成筏，浮在水上，筏中没有泥土覆盖，主要用于种植蔬菜。

蕹菜·清代吴其濬《植物名实图考》，清道光山西太原府署刻本

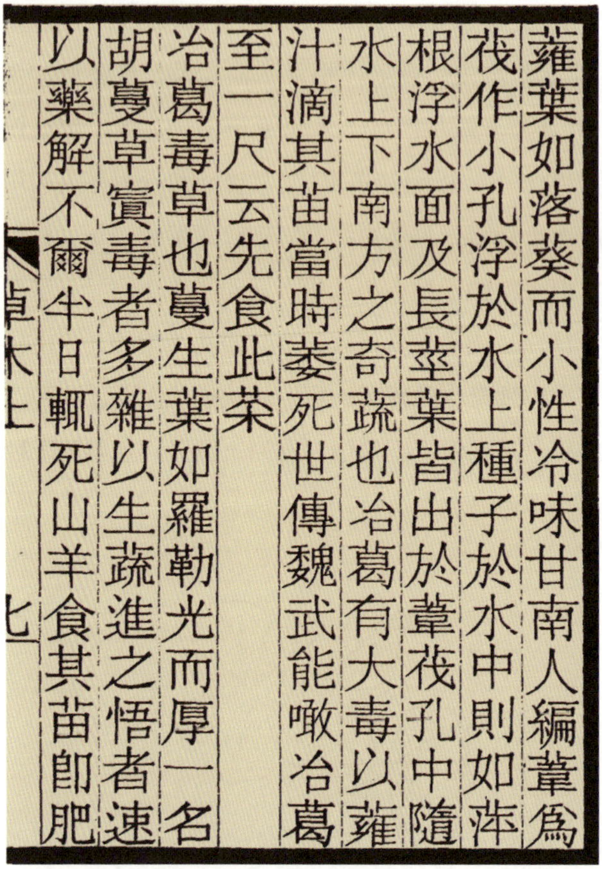
蕹葉如落葵而小性冷味甘南人編葦爲
筏作小孔浮於水上種子於水中則如萍
根浮水面及長莖葉皆出於葦筏孔中隨
水上下南方之奇蔬也冶葛有大毒以蕹
汁滴其苗當時萎死世傳魏武能噉冶葛
至一尺云先食此菜
冶葛毒草也蔓生葉如羅勒光而厚一名
胡蔓草寘毒者多雜以生蔬進之悟者速
以藥解不爾半日輒死山羊食其苗即肥

水上种植蕹菜·西晋嵇含《南方草木状》，清吴江沈氏怡园刻本

不同于其他在水中生长的藕、慈姑、茭白、水芹、荇菜等水生蔬菜植物，蕹菜根系浅，主根上着生四排侧根，再生力强。植物生长在水面浮筏上，它的营养主要在茎叶上，根穿过浮筏缝隙从水中吸收养分。蕹菜最大的特点就是耐涝、耐光、抗高温，适应性强，生长迅速。用于深水种植的物体只要可以漂浮在水面上，比如毛竹绑成的竹排或者其他材料制作的漂浮物都可以，但必须坚固耐用、具有一定的浮力，以承载蔬菜的重量。

明清时期，浮水栽培在岭南地区更是得到了普遍应用，当时广州西郊有专门生产蕹菜的水上浮田，福建沿海一带还出现了较大规模的蕹菜专业种植者，而且获利颇丰。

世界上最早的无土栽培

浮筏种蕹菜类似于现代无土栽培蔬菜，是世界上最早的无土栽培技术。古代劳动人民充分利用自然环境的生产条件，在水面上“人造田地”种植蔬菜的高超方法，充分体现了古代劳动人民因地制宜，适应自然、利用自然的农耕智慧。

而这种栽培方法的选择，完全取决于华南地区独特的自然地理气候条件，华南山多田少、气候湿热、河网稠密，大多数蔬菜很容易腐烂生病。而性喜温暖湿润的蕹菜在这里则是如鱼得水正相宜。

《南方草木状》还指出：“此菜，水、陆皆可生之也。”蕹菜有水、旱两种，旱蕹植于陆地，水蕹植于水面。明代以后开始引种到长江中下游地区进行旱地栽培，《本草纲目》中记载过旱蕹的栽培方法：“九月藏入土窖中，三四月取出，壅以粪土，即节节生芽，一本可成一畦也。”旱蕹是一种很易繁殖的园蔬，盖当时长江流域“今金陵及江夏人多莳之”。

在千百年的时间里，蕹菜由岭南奇蔬变成了长江流域的常见蔬菜，栽种也由水栽变成了旱地栽培，逐步由南向北传播，现在“南方奇蔬”业已遍布全国。

第七节 食用菌菇

食所加庶，馐有芝栭。

菘羔楮鸡避席揖，餐玉茹芝当却粒。
作羹不可疏一日，作腊仍堪贮盈笈。

——南宋杨万里《蕈子》

在中国人的蔬食中，食用菌被老百姓称为“山珍”，有“素中之荤”的美誉。

菌类在自然界中广泛存在，不含叶绿素、不能进行光合作用，依赖腐生或寄生生活的低等类生物群体。世界上已知的菌类大约有十多万种，在这个庞大家族中，只有子实体肥硕的大型高等真菌成为人们选择食用和培植的菌类食物。食用菌，古称蕈（xùn）、栭（ér）、菌、菰、菇等。

馐有芝栭

中国人食用和药用菌类的历史非常悠久，据郭沫若先生考证：我们的先民早在新石器时期就已经食用野生菌类。在古代，食用菌既是美味的佳馐，又是重要的本草。

《礼记·内则》中有“食所加庶，馐有芝栭”的记载，说明灵芝等菌草是先秦时期礼制活动中的重要美馐。《吕氏春秋》中亦有“味之美者、越骆之菌”的

明代陈洪绶《餐芝图》

| 天津博物馆 · 藏 |

灵芝在中国古代被视为令人长生不老、起死回生的仙草。图中一隐逸的高士正手执一柄灵芝，身旁瓷器中装满了灵芝汤。一仆人正全神贯注地看火熬汤。

采耳·明代文俶《金石昆虫草木状》，明万历时期彩绘本

| 台北图书馆·藏 |

赞美。在中国最早的医药典籍《神农本草经》中，将灵芝、茯苓列为上品药。明代李时珍的《本草纲目》记载了灵芝、茯苓等十几种菌类的药性和作用。

朽壤之菌

在长期的采挖活动中，人们已经观察并认识到菌类不同于一般的植物，对于菌类的生长环境及营养生理也有精辟的见解。《礼记·内则》庚蔚注，“无华（花）而生者曰芝栭”，表明菌类具有不开花就能结实的特性；“朝菌不知晦朔”，则描述了菌子实体出现时间非常短暂的特性。战国时期道家经典《列子·汤问》有“朽壤之上，有菌芝者”的记载，认为菌草是依靠腐生的寄生生物。中国人在两千多年前对食用菌的生理认识，无疑是非常超前的。

到汉代，由于菌草的重要药用价值，研究菌类已经成为一种专门的学问。汉代王充在《论衡》中有“芝生于土，土‘气’和，故芝生土”。唐代陈藏器在《本草拾遗》中进一步说：“（香）蕈生桐、柳、枳椇木上。”宋代罗愿在《尔雅翼》中记载：“芝，瑞草。一岁三华，无根而生。”苏颂在《本草图经》中说茯苓：“附根而生，无苗、叶、花、实。”以上记载都表明人们已经认识到菌类没有根、茎、叶的分化，是一年可多次形成子实体的隐花植物。

根据文献记载，中国早在魏晋时期就已经有意识地培养食用菌。晋朝王嘉《拾遗记》有“种耨芝草”的记载。北魏农学家贾思勰在《齐民要术·素食》中指出：桑、槐、榆、柳、楮树上长出的五种木耳，只有桑树和槐树上长出来的为上等桑莪（木耳），是素食中的佳品；而“野田中者，恐有毒，不可食”。到唐代，才开始人工种菌。唐代韩鄂《四时纂要》中“种菌子”篇曰，“取烂构木及叶，于地埋之，常以泔浇令湿，两三日即生”，取烂木埋在地里，等同于现在的在基坑内填放培养料；出菌后不马上采收，打碎后埋入土内，是为了利用碎片扩大播种；施泔水是为了增加营养素，这是一种符合现代食用菌栽培原理的方法，也就是现在的“段木栽培法”。根据现代真菌学家考证，当时种的“菌子”是金针菇。

砍花栽培法

7世纪，唐代人发明了木耳的人工种植方法，在唐代苏恭《唐本草注》中有所记述："安诸木上，以草覆之，即生蕈耳。"宋代著名的理学家朱熹写过一首脍炙人口的《木耳》诗："蔬肠久自安，异味非所夸。树耳黑垂聃，登盘今亦乍。"陆游更是食木耳的老饕，他有许多对美食木耳的吟咏："玉食峨嵋栮""栮美倾筠笼""汉嘉栮脯美胜肉""下箸峨眉栮脯珍""桑蕈菌蠢惊春雷"等。香菇栽培起源于八百年前浙江庆元、景宁、龙泉一带，相传吴三公发明了"砍花法"和"惊蕈法"，是古代人工栽培香菇的精髓。元代《王祯农书》记载了香菇的选树、砍花、惊蕈技术，并说"今深山穷谷之民以此代耕"，是说当地人以此谋生。

楮木耳·明代文俶《金石昆虫草木状》，明万历时期彩绘本

|台北图书馆·藏|

宋代还诞生了世界上最早的食用菌类专著，陈仁玉撰写的《菌谱》记载了产于浙江的十一种大型真菌的产区、性味、形状、品级、生长及采摘时间。《菌谱》对菌的生长条件做了详细记载，认为"芝菌皆气茁也"，即需要有一个气候、温度、湿度均适宜的生长环境。《菌谱》开创了中国菌类植物学的先河。明代潘之恒的《广菌谱》和清代吴林的《吴蕈谱》，都是在陈仁玉的研究基础上的进一步发展。《菌谱》对研究中国古代食用菌的种类和历史具有重要的学术价值。

第八节 笋

远传冬笋味，更觉彩衣春。

细雨斜风作晓寒，
淡烟疏柳媚晴滩，
入淮清洛渐漫漫。
雪沫乳花浮午盏，
蓼茸蒿笋试春盘，
人间有味是清欢。

——北宋苏轼《浣溪沙·细雨斜风作晓寒》

“蓼茸蒿笋试春盘，人间有味是清欢”，清香味鲜的竹笋在中国自古被当作山珍佳肴，被誉为“蔬菜第一品”。

竹笋，竹亚科刚竹属植物幼芽或鞭。中国是竹的故乡，竹林资源丰富，长江以南生长着世界上85%的毛竹。竹笋别名毛笋、竹芽、竹萌、春笋、冬笋等。

其蔌维何 维笋及蒲

中国自古就有食笋的记载,《诗经·大雅》中有“其蔌维何？维笋及蒲”“加豆之实，笋菹鱼醢（hǎi）”的记载。《尔雅》有“菜谓之蔌”,“蔌”就是蔬的意思。“笋菹”就是腌笋，说明中国人有三千多年的吃笋历史。

东汉张衡在《南都赋》中说“春卵夏笋，秋韭冬菁”，鸡蛋、竹笋、韭菜和芜菁，这些分别是春、夏、秋、冬的应季滋补美味。西晋《三都赋》也说“淇洹之笋，信都之枣”，淇河洹河（今河南安阳境内）出产的笋最出名。西晋《广志》记载：三国魏时，汉中太守王图每年冬天都要向皇帝进贡竹笋。

南北朝时，南齐陈皇后喜欢吃笋。她死后，齐武帝萧赜下诏在太庙用笋祭祀陈皇后。

东晋戴凯之《竹谱》还介绍了甜糟笋的制作方法："其笋未出时，掘取以甜糟藏之，极甘脆，南人所重旨蓄，谓草莱甘美者可蓄藏之以候冬。诗曰：'我有旨蓄可以御冬。'"《竹谱》是世界上最早的一部竹类植物专著，记录竹子种类六十一种。据近现代学者考证，作者为南朝宋人。《竹谱》对竹子的生长特点、生命周期、生长地点都有详细描述："质虽冬菁，性忌殊寒""竹生花实，其年便枯死""九河鲜育，五岭实繁"。《竹谱》不仅为研究竹类的植物学、生态学，以及对古代竹子的开发利用提供了不可或缺的史料，而且开创了"竹谱"文本的先河。

笋 · 日本江户时代橘国雄《毛诗品物图考》

| 台北故宫博物院 · 藏 |

好竹连山觉笋香

唐宋时期，食笋之风更盛，所谓“尝鲜无不道春笋”。唐太宗喜啖竹笋，每当立春节气，总要召集群臣吃春笋，谓之“笋宴”。唐代诗人杜甫《送王十五判官扶侍还黔中》诗有：“青青竹笋迎船出，日日江鱼入馔来。”冬笋比春笋更味美诱人，有“笋中皇后”之称，杜甫亦有诗赞云：“远传冬笋味，更觉彩衣春。”《本草图经》记载有一种产自江浙的苦笋，“肉浓而叶长阔，笋微有苦味，俗呼甜苦笋，食品所最贵者”。北宋书法家黄庭坚素喜食苦笋，亲友担心其多食不宜恐引旧疾，于是他将食笋心得作《苦笋赋》以慰大家。《苦笋赋》中记：“冬掘笋萌于土中，才一寸许，味如蜜蔗，而春则不食。”立冬前后正是

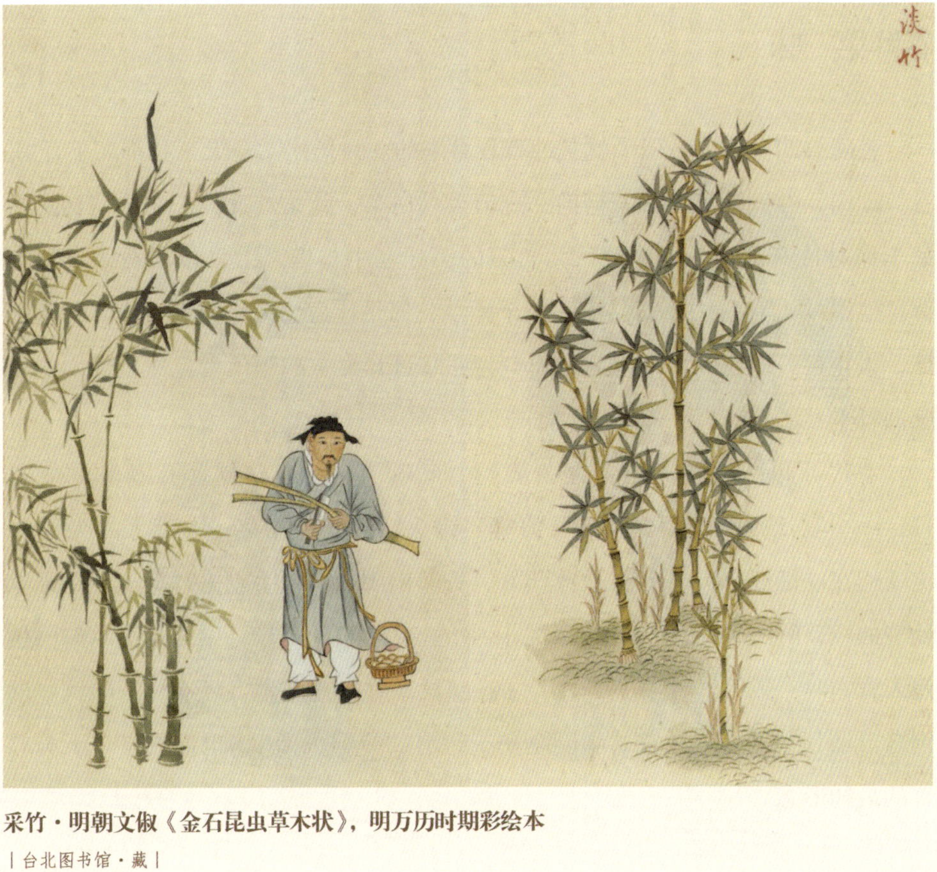

采竹·明朝文俶《金石昆虫草木状》，明万历时期彩绘本

| 台北图书馆·藏 |

吃冬笋的好时机，冬笋被誉为“金衣白玉，蔬中一绝”。李时珍在《本草纲目》中也说：“竹笋诸家惟以苦竹笋为最贵。”

南宋诗人陆游曾在江西品尝过“猫头笋”，念念不忘写下了“色如玉版猫头笋，味抵驼峰牛尾狸”的诗句。北宋文学家苏轼被贬，初到黄州借“长江绕郭知鱼美，好竹连山觉笋香”解胸中愁苦，聊以慰藉。宋代僧人赞宁撰写的《笋谱》是中国第一部关于笋的专著，记录了九十八种笋的名称考据、种类、性味与加工贮存方法。赞宁认为其实任何竹类都能产笋，但作为蔬菜食用的竹笋，必须组织柔嫩，无苦味或无其他恶味，因而一般供人们食用的只有淡笋、甘笋、毛笋、冬笋及鞭笋等。《笋谱》还记载了竹笋的采收、食用、收藏、脆制及作睛等制作加工贮藏技术，反映了当时人们对竹笋的利用已相当普遍。

春鲜第一味

乾隆第四次南巡，似乎就是冲着春笋来的。在扬州，一天三餐都离不开笋：春笋炒肉，春笋糟鸡，燕笋糟肉，燕笋火燻白菜，腌菜炒燕笋。明末清初文学家李渔对竹笋推崇备至，他认为竹笋的美味在牛羊肉之上，位居蔬菜食材之首。他说：“此蔬食中第一品也，肥羊嫩豕，何足比肩。但将笋肉齐烹，合盛一簋，人止食笋而遗肉，则肉为鱼而笋为熊掌可知矣。购于市者且然，况山中之旋掘者乎。”

清代苏州文士顾禄在《清嘉录》中记载了苏州人立夏食笋习俗，“立夏日，……宴饮则有烧酒、酒酿、海蛳、馒头、面筋、芥菜、白笋等品为佐”。沈朝初在《忆江南》中也说：“苏州好，香笋出阳山。纤手剥来浑似玉，银刀劈处气如兰，鲜嫩砌瓷盘。”苏州人心目中的“春鲜第一味”，始终是腌笃鲜。杭州人管它叫“咸笃鲜”，扬州人叫“醃炖鲜”，在江南各地，还有“一啜鲜”的别名。清代钱塘人袁枚在《随园食单》记有“笋煨火肉”，也许就是今天腌笃鲜的最初形态。

第九节 温泉种植

内园分得温汤水，二月中旬已进瓜。

咸阙无雕辇，骊山尚浴泉。

汤池同野壑，水殿只寒烟。

——明代王格《骊山温泉》

在寒冷的冬季还能吃上新鲜的瓜果蔬菜，对于现代人来说是最平常不过的事。然而翻开历史，却发现我们的祖先早在距今两千多年前就已经利用地热、温泉种植瓜果蔬菜了。这一发明在当时具有划时代的意义。

地热汤泉式温室

《汉书·儒林传》引卫宏撰《诏定古文官书序》记载："（秦始皇）乃密令冬种瓜于骊山坑谷中温处。"唐代孔颖达《尚书序》引证："又密令冬月种瓜于骊山硎（xíng）谷之中温处。"唐代颜师古进一步考证："今新丰县温汤之处，号愍（mǐn）儒乡。温汤西南三里有马谷，谷之西岸有坑，古老相传以为秦坑儒处也。"

骊山温泉位于陕西临潼骊山西北麓，自古奉为神泉、御泉。秦始皇时期砌石筑"骊山汤"，汉武帝时扩为离宫，唐太宗建"汤泉宫"，唐玄宗改名"华清宫"。《新唐书·百官志》记载了唐官在冬季利用华清池的温泉栽培蔬菜，"庆

清代袁耀《骊山避暑》

| 明尼阿波利斯美术馆·藏 |

善右门温泉汤等监，每监一人，……凡近汤所润瓜蔬，先时而熟者，以荐陵庙”。当时宫廷设有温泉监官，专门负责管理京城附近的温泉，并利用温泉种植蔬果。

近年来，地质工作者初步揭开了其秘密：“在骊山的北麓存在着一条近于东西方向延伸、断层面向北倾斜、倾斜角为55° ~ 57°的正断层。这一断层的破碎带，为深部地下水上升提供了良好的通道，这成了骊山温泉的涌水口，这就是泉水的来路。”据地质学家论证，地球内部的放射性元素每小时衰变放出的热量，相当于烧掉6000万吨优质煤所产生的热量。骊山温泉水至少在千米深处循环，获得热量而上升溢出成泉。“从这样的深层断裂中溢出来的水温应为89.2℃以上，而目前水温仅为43℃，足见上升过程中有冷的地下水混入。”由于地下水不间断循环，地下热水就源源不断地涌出，正如唐太宗《温泉铭》中所说的：“无霄无旦，与日月同流，不盈不虚，将天地而齐固。”陕西临潼至今还有利用骊山温泉浇灌栽培韭黄的情况。

屋庑蕴火式温室

如果温泉种瓜很难考证的话，汉宣帝时期《盐铁论·散不足》中提到的“冬葵温韭”则有据可考。当时，由于上层社会对反季节蔬菜有大量的需求，负责给皇帝提供饮食的“太官”发明了一种通过人工制造温室而种植“冬生葱韭菜茹”。《汉书·召信臣传》记载了太官在园置房庑，昼夜燃火提高室温，促进蔬菜的催芽育苗。循吏召信臣认为每年花费千万文钱，为暖房供暖太过奢靡。于是上奏汉元帝，“皆不时之物，有伤于人。不宜以奉供养，及它非法食物”，认为这种违反自然规律的非时之物，并不适合天子食用。于是，汉元帝只好罢之。

唐代温室在采用温泉的基础上，还利用蕴火来增温。唐代王建的《宫前早春》中也有描述：“酒幔高楼一百家，宫前杨柳寺前花。内园分得温汤水，二月中旬已进瓜。”唐代利用火室来栽培蔬菜，且规模不小。

地窨火暄式温室

南宋出现了“堂花术”，人工控制开花时间。方法是把花卉放在纸做的房子中，土中放硫黄等物，室中开沟，沟中倒沸水，沸水遇硫黄产生二氧化硫并释放热量，从而提高室温，令“花之早放者”。南宋周密《齐东野语》有详细记载：“凡花之早放者，名曰堂花。”

明清时期的温室有三种：第一种是简易的地窨式温室，没有加温设施，只靠地窨的良好保温性能和马粪发酵释放的热量来保证蔬菜的正常生长，是比较经济的。第二种是地窨火暄式温室，有苗床，床下为火炕，可烧火加温，一般也用马粪壅培。第三种是立土墙开纸窗火暄式温室，苗床、火炕与第二种温室一样，只是东、北、西三面立土墙挡风，南面装倾斜式油漆纸窗。这样，可以改变地窨不见风日的缺点，既可以充分利用太阳能，又可以烧火加温，是当时最先进的温室。有了先进的温室技术，当时的北京人才能够在新年互赠牡丹。

欧洲最早的温室“绿色的房屋”到17世纪才出现，日本和美国到19世纪才先后有了温室栽培技术，如果从秦代开始计算，中国的温室栽培技术整整领先了将近两千年。温室栽培是园艺作物的一种栽培方法，用保暖、加温、透光等设施和相应的农业技术，让喜温的植物抵御寒冷、促进生长或提前开花等。这项始于公元前的技术，至今仍然被用于丰富百姓的餐桌和美化人们的生活。每当冬季来临，北方的居民仍然能够在市场上买到各种新鲜蔬菜，除了从南方运输的蔬菜，很多都是来自城市郊区的温室栽培。

第十节 引进蔬菜

——踏沙越洋，海外来菜。

呙国使者来汉，隋人求得菜种，酬之甚厚，故名千金菜，今莴苣也。

——五代宋初陶谷《清异录·蔬菜门》

民以食为天，人类的文明史首先是人类饮食文化的发展史。而中国饮食文化的发展史，也是中外文化的交流史。从汉唐到明清时期，随着陆上和海上丝绸之路的开通、发展与兴盛，东亚和南美洲的蔬菜被大量引入，不仅促进了不同文明之间饮食文化的交流、互鉴、融合，而且大大丰富了中国人的餐桌。

胡风西来

中国人开始批量引进外国蔬菜，始于秦汉时期。汉武帝建元三年（公元前138年）和元狩二年（公元前121年），张骞两次出使西域，横贯亚欧大陆的北方丝绸之路由此贯通兴起，来自域外的客商通过沙漠丝绸之路陆续进入中原。

这些胡人客商成为外来文化的传播者，从西域带来了一批蔬菜新品，如大蒜、胡荽（香菜）、苜蓿、胡瓜（黄瓜）、胡豆（蚕豆）等，都是这一时期传入我国的。其中，对中国食俗影响最大的是“重口味”的大蒜、香菜。《齐民要术》中“种蒜”条引西晋张华《博物志》称：“张骞使西域，得大蒜、胡荽。”

丝绸之路商旅·甘肃敦煌唐代莫高窟壁画

大蒜被引入后，就成了中国人餐桌上的一道美味，与葱、韭、姜一样，成为佐饭、调味两宜之佳品。五代时期，宫人将大蒜称为“麝香草”，进一步提高了大蒜的身价。到宋代，《浦江吴氏中馈录·制蔬》中已提到“蒜瓜”“蒜菜”“蒜苗方”“蒜苗干”等多种大蒜制品的制作方法。胡风的注入，不仅丰富了当时人们的生活，也促进了民族间的融合和文化的碰撞，使饮食文化变得多姿多彩。

风从海上来

与汉代人“重口味”不同，隋唐人更重视引进蔬菜的品质和营养价值，比较“重口感”。

在隋唐时期热衷于蔬菜引种，最出名的是莴苣和菠菜的引入。莴苣最早在唐代孟诜《食疗本草》中已提及。宋初陶谷在《清异录·蔬菜门》中记载：“呙国使者来汉，隋人求得菜种，酬之甚厚，故名千金菜，今莴苣也。”因为酬之甚厚，所以莴苣是中国人花高价从国外引进的品种。莴苣一经引进，很快普及，唐代已普遍种植。相比莴苣，菠菜似乎更受古人欢迎。菠菜又叫波棱菜、波斯草、赤根菜，美称“鹦鹉菜”，鲁迅笔下叫“红嘴绿鹦哥”。菠菜是两千多年前波斯人栽培的菜蔬，因此也叫“波斯菜”。菠菜引进中国的时间在《唐会要》里有明确记载：“太宗时，尼婆罗国献波棱菜，类红蓝，实如蒺藜，火熟之，能益食味。”贞观二十一年（647 年）尼泊尔国王派使臣将从波斯获得的菠菜作为礼物献给唐皇。记录唐代刘禹锡讲话的韦绚所著的《嘉话录》中说，“菜之菠棱者，本西国中有僧人自彼将其子来”，中唐时又有来自西方的僧侣来觐献。尼婆罗、菠棱，都是今尼泊尔国的古称，又写作“颇稜国”。虽然菠菜非中国原产，但自公元 7 世纪引种后，在中国人悉心栽培下，形成了与“欧洲菠菜”相对应的“中国菠菜”：籽实有刺，保留着较多的原始特征，叶狭长而有缺刻，可四季播种。大美食家苏轼在《春菜》诗中曰：“北方苦寒今未已，雪底波棱如铁甲。”耐低温的菠菜成为北方冬季蔬菜的宠儿。

宋元时期以后，海路成为中国引进蔬菜的主要通道。原产美洲的番茄、辣椒、南瓜、佛手瓜、马铃薯、菜豆、洋刀豆、豆薯、菊芋、蕉芋等作物传入中国，经过百余年的引种驯化与本土化发展，深度融入了中国的饮食文化。把蔬菜当观赏植物引进，这也是明代外国蔬菜入华的有趣方式和现象。原产于墨西哥的辣椒，明代由东南沿海传入我国，因“番椒，丛生，白花，(果）子俨秃笔尖，味辣，色红，甚可观”而作为观赏植物来栽培。之后辣椒又被发现具有极高的药用价值，被归为药材行列。后被人们所食用。番茄（西红柿）也是出于观赏目的引进的。明代朱国桢《涌幢小品》和王象晋《群芳谱》中，都是将其当观赏植物看待的。直到 20 世纪 30 年代的民国时期，番茄才由“不可食”到“始食之”。

汉晋时期引入的植物品种称“胡”，宋元时期引入的植物品种称“番”，清代从海路传入的蔬菜称为“洋”，引入的蔬菜品种有洋葱、洋白菜（卷心菜、圆白菜、甘蓝菜）、洋姜（阳姜、菊芋、鬼子姜）、洋芋（马铃薯、土豆）、西葫芦、菜花等。体现了交流地域的广泛性和品种的多样性。

域外蔬菜的大量引入和栽培，大大丰富了中国蔬菜的种类。在中国大部分地区，夏季的蔬菜品种一直不丰富，所以每当夏季，常出现“夏缺”的现象。在从域外引进的作物中，有不少是夏季的主要蔬菜，比如黄瓜、西瓜、番茄、辣椒、甘蓝、菜花等，因此，极大地改善了我国夏季蔬菜品种不丰富的状况，从而奠定了夏季蔬菜以瓜、茄、菜、豆为主的格局。

第四章 本草植艺

药圃无凡草

松庭有素风

六月杞园树树红，宁安药果擅寰中。
千钱一斗矜时价，决胜腴田岁早丰。

——清代黄恩锡《中卫竹枝词》

本草是以草木为本的医药，《史记·三皇本纪》曰：『神农氏尝百草，始有医药。』中国最早的药物学专著《神农本草经》记录了本草的主治、性味、出产地和生长环境。

自汉代始，农书、医书都各有侧重介绍本草植物的种植技术和方法。东汉的《四民月令》记载了麻黄、知母、黄芩等二十六种草药的栽培技术和采收时间，强调按时采收的重要性。唐代药学家孙思邈《千金翼方》介绍了枸杞、牛膝、合欢、车前子、黄精等二十余种本草种植方法。明代王象晋的《群芳谱》、徐光启的《农政全书》记载了多种本草的栽培法。明清时期，本草成为重要的经济作物，并带动了亳州、禹州、樟树、祁州等全国性药材市场的兴起与快速发展。本草为保障中华民族的繁衍生息发挥了重要作用。

第一节 人参

朱明洞里得灵草，翩然放杖凌苍霞。
碧叶翻风动，红根照眼明。
人形品绝贵，闻说可长生。
——清代杨宾《宁古塔杂诗·其八》

人参是珍贵的药用植物，被誉为“百草之王”。在中国古代，人参被奉为“包治百病，起死回生”的灵丹妙药。

人参，五加科人参属多年生草本植物，距今两千五百万年前古生代第三纪幸存下来的孑遗植物，被称为植物“活化石”。人参喜阴、耐寒，分布于海拔数百米的落叶阔叶林或针叶阔叶混交林下。据考证，太行山系和长白山系是中国人参的发源地。人参又称黄参、血参、人衔、鬼盖、神草、土精、地精、海腴、皱面还丹、棒槌、老山参、神草等。

“一丛枸杞花初遍，五丫人参弃已齐”，一丛枸杞才开完紫色的花，上好的人参已经成型。

如人形者有神

中国有两千多年的人参药用历史。东汉《神农本草经》将人参列为上品药，谓“味甘小寒，主补五脏，安精神，定魂魄，止惊悸，除邪气，明目，开心益智人衔鬼盖”。南朝名医甄权《药性论》曰：“人参主五劳七伤，保中守神。”李时珍在《本草纲目》中说，“人参能补五脏血脉，益气生血，故为强壮药”，并说“能治男女一切虚症”，几乎是一种包治百病的神药。清代名医刘奎《松峰说疫》中说：“疫病所用补药，总以人参为最，以其能大补元气。”清代医家陈士铎在《本草新编》中也说，“盖人参能通达上下，回原阳之绝，返丹田之阴，虽不能尽人而救其必生，亦可于死中而疗其不死也”，他认为人参能令人起死回生。中国传统中药学认为人参性温味甘，补脾胃，生阴血，补五脏，安精神，止惊悸，明目开心益智，久服可轻身延年。

人参是“中药四君八珍”之一，历代名医皆有以人参为配伍的方剂。东汉“医圣”张仲景《伤寒论》记载了一百一十三个药方，其中有二十一个方剂用到人参本草。唐代药圣孙思邈《千金要方》收载五千三百余方，其中有三百五十九个方剂用到人参本草。明代李时珍《本草纲目》记载有三十一个人参本草方剂，明代张介宾《景岳全书》记有人参的配方达五百零九方。独参汤、四君子汤、归脾汤、理中汤、生脉散等都是著名的人参本草方剂，可见人参在中国传统医药中的重要地位。

现代医学研究发现：人参皂苷是一类固醇类化合物，又称三萜皂苷，是人参中的活性成分，通过抑制血管内皮细胞增殖、迁移，抑制血管内皮生长因子活性及其信号的传导途径，抑制血管外基质降解等抑制肿瘤血管生成的作用机理，从而达到增强免疫的功效。

人参生上党山谷及辽东

秦汉时，幽州（今河北北部，辽宁及朝鲜北部等地）、潞州（今山西太行山区）为我国人参主要产区。假托春秋政治家范蠡之名的《范子计然》中有“人参出上党，状如人者善”的记载。南朝梁陶弘景《名医别录》载：“人参生上党山谷及辽东，二月、四月、八月上旬采根，竹刀刮，曝干。”上党即今山西长治和黎城部分，属太行山系；辽东即今辽宁南部。

南朝梁陶弘景《名医别录》记有最早的人参诗："三桠五叶，背阳向阴。欲来求我，椵树相寻"，形象地概括了人参的形态、生物学特征和生长环境。陶弘景认为：上党参为上，百济参薄于上党参，高丽参不及百济参。上党紫团山所产的人参，更是上中上。由于上党参难得，若挖到，则"置板上，以新彩绒饰之"，其价与银等，可见其珍贵。

《唐新本草》是世界上最早的药典，记载了唐代人参的主产区除了"上党及辽东"外，还有"潞州、平州、泽州、易州、檀州、箕州、幽州并出，盖以其山连亘相接，故皆有之也"。唐宋时期人参如茶一样受到宫廷、士绅阶层的追捧，并作为珍贵的礼品赠送亲友。苏轼在给友人的信中写道："只多寄好干枣、人参为望。如无的便亦不须差人，岂可以口腹万里劳人哉。"苏轼是养生美食专家，可见其本人也非常认同人参的滋补疗效。

由于中原地区汉人对人参的喜爱，人参成为东北少数民族向封建帝王进贡的珍品。《契丹国志》《大金国志》等史书都有"地饶林山，田宜麻谷，土产人参"的记载。北宋末期，宋朝廷失去对上党地区的控制，人参主产区向东部扩展。为解决人参药源问题，宋代还大力发展陆上和海上的人参贸易。河北东西两路，北与辽相接，是宋辽边境互市的交易场所，辽在与宋的人参交易中获利巨丰。随着北方金的兴起，宋与金的人参贸易活动也十分活跃。海上贸易的商品主要是来自高丽的人参，北宋末年寇宗奭（shì）在《本草衍义》中说，"人参，今之用者，河北榷场博易到，尽是高丽（今朝鲜半岛）所出"，与高丽的人参海路贸易到南宋更甚。

到明代末年，由于挖采过度，上党人参赖以生存的森林环境由于遭受巨大破坏而绝种。人参主产区北移到辽东地区，"今所用者，皆为辽参。其高丽、百济、新罗三国，今皆属于朝鲜矣，其参犹来中国互市"。女真族（今满族）对明代的人参年交易量均在数万斤，人参采集成了女真族的一大经济来源，更是努尔哈赤政权实力扩大的重要经济支柱。明廷为限制女真的发展，于明万历三十五年（1607年）暂停辽东马市，导致女真族人参积压，两年之内竟腐烂了十余万斤，逼迫他们改进制作方法以长期保存，待价而沽。

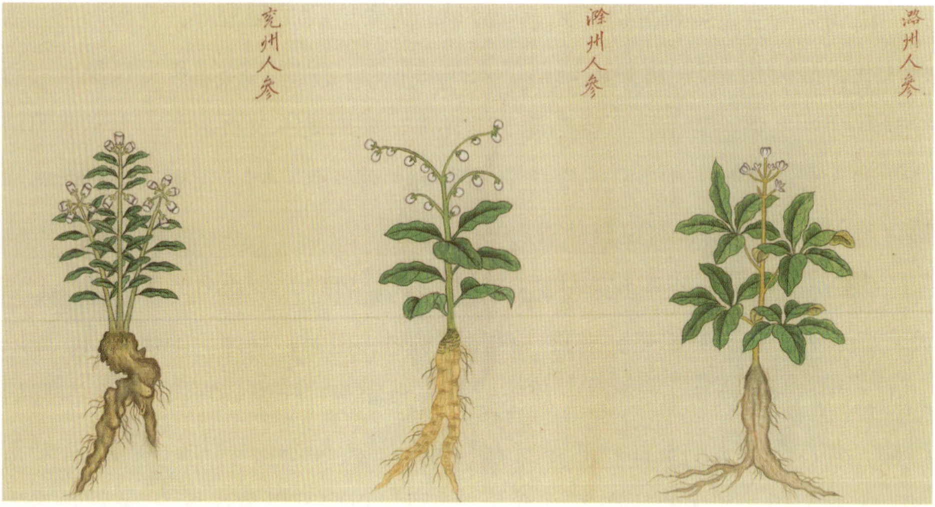

潞州人参（右）、滁州人参（中）和兖州人参（左）·明朝文俶《金石昆虫草木状》，明万历时期彩绘本

| 台北图书馆·藏 |

到了清代，每年仍有数万人到长白山采参，清廷为保护满人龙兴之地的风水，于康熙三十八年（1699年）下令严禁私采人参，实行“放票采参制”“招商承办制”的官营人参制度。但这并不能有效地制止冒死私采，到清末野生人参已难得一见。在此历史背景下，出现了参叶、珠儿参、太子参、罗浮参、昭参（三七）、西洋参、东洋参、菊花参、红毛参、建参、光山参、嵩山参、桔梗科党参等新“人参”涌现市场。

初勒家园生人参

人参栽培历史可追溯至距今一千六百多年前的西晋时期，据《晋书·石勒别传》记载：“初勒家园中生人参，葩茂甚。”石勒系西晋时后赵皇帝，少时居上党武乡（今山西襄垣县西北），以行贩为业。上党是古时人参产地，石勒为行贩人参而将野生人参移植至家园进行人工栽培。到唐宋时期，人参引种庭院栽培也不乏其人。隐居在松江甫里的唐代文学家陆龟蒙的《奉和袭美题达上人参药圃》诗词中有“药味多从远客赍（jī），旋添花圃旋成畦。三椏旧种根应异，九节初移叶尚低”，描述了人参引种到药圃中栽培的情况。苏轼的诗词《小圃五咏》中“灵苗此孕毓，肩股或具体。移根到罗浮，越水灌清泚（cǐ）”；《次韵正辅同游白水山》中“恣倾白蜜收五棱，细劚（zhú）黄土栽三丫。朱明洞里得灵草，翩然放杖凌苍霞”；南宋诗人谢翱《效孟郊体》中“移参窗此地，经岁日不至。悠悠荒郊云，背植足阴气。新雨养陈根，乃复佐药饵。天涯葵藿心，怜尔独种参”，都描述了人工移种培植人参的情形。

在元代《王祯农书》“授时图”篇列有“耕参地”，指明农历五月中旬至六月上旬耕参地，说明元代在人参栽培技术上已经有了很大的进步。至明代，人参栽培技术已较为成熟。李时珍在《本草纲目》言：“可收子，十月下种，如种菜法。”明代用人参种子繁殖来发展人参栽培业，是人参栽培史上的一大进步。《本草纲目》所反映的人参栽培季节与现代人参栽培的“参时”规律，颇有相近之处。而如“种菜法”的记述虽简略，可知人参栽培技术已经达到相当高的水平。

清朝乾隆至同治年间，为了弥补自然资源的不足，民间逐渐兴起了家植、家养人参栽培活动，并逐渐扩大形成了规模经营，出现了大面积栽培人参的“人参营”。清代医家唐秉钧《人参考》详细记载了“秧参”栽培方法：“掘成大沟，上搭天棚，使不日，以避阳光，将参移种于沟内，二三年内始生苗，将芦掘出倒栽地下，以其生殖力向下，故灌芦头，使其肥大，以状美观，七八年间即长成”，“地址择向阳斜地面，每圃垒土为畦，高二尺，宽五尺，用质软、色黑的腐殖土，施以牛马粪，搅周布细，每畦距三尺，以资排水，而便人行”。这种栽培方法相当先进，有些栽培技术至今仍在应用。至清代后期，秧参（园参）的产量日渐超出野生人参，《植物名实图考》记载：“以苗移栽者秧参，种子者为子参。”秧参不仅供国内需要，而且部分销往国外。

唐代高僧鉴真大师是日本本草学的创始人，据说他曾将中国人参传播到日本，在奈良“正仓院”收藏有大批中药材，其中第 122 号中药是产于唐代的人参，是现存最早的人参。1716 年，法国传教士拉菲托根据一张绘制于东北，距

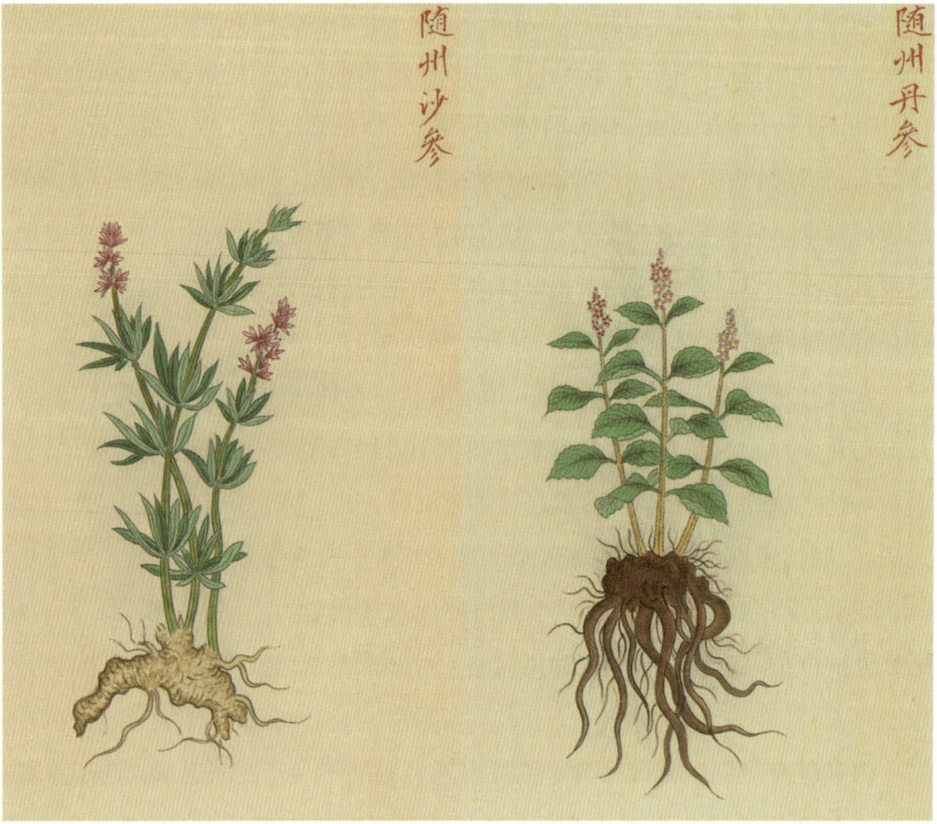

随州沙参（左）及随州丹参（右）·明代文俶《金石昆虫草木状》，明万历时期彩绘本

| 台北图书馆 · 藏 |

离高丽边界的人参图画，按图索骥，在北美大陆发现了美洲人参（西洋参），并从此开启了对华的人参国际贸易。直到 1994 年，中国引种西洋参获得成功，需求才不完全依赖进口。

第二节 薏苡

采采芣苢，薄言采之。

伏波饭薏苡，御瘴传神良。
能除五溪毒，不救谗言伤。
谗言风雨过，瘴疠久亦亡。
两俱不足治，但爱草木长。
——北宋苏轼《小圃五咏·薏苡》

薏苡是一种水旱两生的禾本植物，也是一味药膳两用的本草，被誉为“益寿的仙丹”。

薏苡，是一年生或多年生草本植物。薏苡属有多种植物，分布于东亚和东南亚地区，在世界上有“禾本科植物之王”的美称，中国是薏苡起源中心之一。薏苡仁是薏苡的干燥种仁，别名薏米、苡米、薏珠子等。

健脾去湿消肿

两千年前，中国古代医家已将薏苡用于临床。《神农本草经》将薏苡列为上品药，谓“味甘微寒，主治筋急拘挛不可屈伸，风湿痹，下气。久服轻身益气。其根下三虫，解蠡（lǐ）”。南朝梁医药学家陶弘景的《名医别录》记载：“薏苡生真定平泽及田野。八月采实，采根无时。”是说薏苡的籽实和根茎都可作药用。《别录》中说，“除筋骨邪气不仁，利肠胃，消水肿，令人能食”，“小儿病蛔虫，取根煮汁糜食之。甚香，而去蛔虫大效”，薏苡根有治疗虫积腹痛

薏苡仁 · 明朝文俶《金石昆虫草木状》，明万历时期彩绘本

| 台北图书馆 · 藏 |

采采芣苢 · 日本江户时代橘国雄《毛诗品物图考》

| 台北故宫博物院 · 藏 |

的作用，因此，古称“解蠡”，为驱虫的意思。北宋温革《琐碎录》记载“暑月煎饮，暖胃益气血。初生小儿浴之，无病”，暑天饮薏苡叶水益气血暖胃，小儿洗薏苡叶水祛暑。中医认为：薏苡味甘、淡，性微寒，根、叶均可入药，具有健脾胃、补肺气、祛风湿、行水气、镇静及除拘挛等作用。

东汉“医圣”张仲景《金匮要略》记有“薏苡附子散”“薏苡附子败酱散”“麻杏苡甘汤”；唐代“药王”孙思邈《千金要方》记有“苇茎汤”；清代名医时世瑞《疡科捷径》记有“赤豆薏政汤”；清代林佩琴《类证治裁》记有“薏苡仁汤”；清代吴瑭《温病条辨》记有“薏苡竹叶散”，这些方剂对症治疗肺痈肠痈、脾虚泄泻、筋脉拘挛有显著疗效。

现代研究发现：薏苡含薏苡仁酯、薏苡仁油、氯化钾、生物碱，以及多种氨基酸、维生素、微量元素等，对湿疹、风湿性关节炎、脚气、扁平疣、传染性软疣等病症有一定的治疗效果。近年，在女明星中特别推崇健脾利湿、消肿美白的薏苡赤小豆汤，同样也受到社会上爱美女性的青睐。

近年研究还发现：薏苡提取物通过调节细胞程序性死亡（PCD）相关基因的表达，或者影响肿瘤细胞信号转导过程中酶的活性，起到防治癌症的作用。

万年前已经食用薏苡

在河南许昌灵井遗址和淅川坑南遗址出土的石器及陶器上发现有距今 1 万多年的薏苡遗存，说明早在距今 1 万年前中国古代先民已经利用薏苡。

《芣苢》（fú yǐ）是一首三千年前周代妇女采集芣苢时反复吟唱的歌谣，“采采芣苢，薄言采之。采采芣苢，薄言有之”，歌里洋溢着劳动的欢快和热情。芣苢是一种有争议的植物，一说是车前草，一说是薏苡。经闻一多、游修龄、宋湛庆等学者进一步考证，确认为薏苡。

汉代是薏苡文化的兴盛时期，《尚书·周书·王会》中所说的“稃苡”，就是薏苡。由于薏苡多籽，古人将其与生育联系起来并作为氏族图腾来崇拜。东汉思想家王充《论衡》中“禹母吞薏苡而生禹”和东汉史学家赵晔《吴越春秋》中“鲧（gǔn）娶有莘氏之女曰女嬉，年壮未孳。嬉于砥山得薏苡而吞之，意若为人所感而妊孕”的传说，都是中国古代薏苡“食之宜子”文化的反映。

《后汉书》记载：东汉初建武十七年（41 年），汉光武帝刘秀派伏波将军马援南征交趾（今广西、广东部分地区和越南的北部、中部地区），士兵患“软脚病”，食用当地的薏米而愈。马援平定南疆凯旋时，带回几车粒大、饱满、色白的薏苡药种。谁知马援死后，朝中竟有人诬告他带回来的几车薏苡，是搜刮来的大量明珠（薏苡，俗称薏珠子），结果让马援和妻儿蒙冤。这一事件，朝野都认为是一宗冤案，史称“薏苡之谤”，白居易据此写有“薏苡谗忧马伏波”，苏轼写有“不救谗言伤”的诗句，这也是成语“薏苡明珠”的来源。

根据《后汉书》中“马援南征交趾”的记载，以及广西曾发现大面积的原始水生和野生薏苡种，专家推测中国南方可能是薏苡的起源中心和早期主要产地。至今，桂林地区还流传着一首家喻户晓的民谣：“薏米胜过灵芝草，药用营养价值高。常吃可以延年益寿，返老还童立功劳。”

炊成不减雕胡美

唐宋以后，薏苡更多地作为一种保健食材进入人们的食疗中。唐代岭南地区流行一种脚气病，病人手脚麻木疼痛，甚至下肢水肿，严重时出现心力衰竭的症状，从江南蔓延到长江以北，称之“江南病”，当时用薏苡治疗有很好的疗效。唐代孟诜的《食疗本草》和唐代昝殷的《食医心镜》都记载了薏苡可去干湿脚气。现在研究认为：所谓的脚气病，实际上是维生素 B 族缺乏症。而薏苡含有大量维生素 B_1 和多种微量元素，对症治疗当然有效。此外，唐代李隆基《广济方》和清代包世臣《齐民四术》都记载了薏苡饭食，“气味欲如麦饭乃佳”“米益人心脾，尤宜老病孕产，含糯米为粥，味至美”。陆游初游长安，在品尝了薏苡饭后，赞美道：“初游唐安饭薏米，炊成不减雕胡美。大如芡实白如玉，滑欲流匙香满屋。”

薏苡具有既抗旱又抗涝的双重特性，栽培适应性强；另外，薏苡由于籽实较大，比禾本科其他作物更易于采集贮藏，成为中国古代最早被驯化的作物而得到广泛栽培。到南北朝时期，薏苡产地已由中国西南引种到华北平原，河北正定成为薏苡种植中心。南朝医药学家陶弘景在《名医别录》和《本草经集注》中分别记载：“薏苡仁生真定（今河北正定）平泽及田野”“真定属常山郡。近道处处有，多生人家。”北宋刘翰、马志等编撰的《开宝本草》云“今多用梁汉者，气劣于真定”，认为产自开封和汉中的薏苡在品质上不如正定。

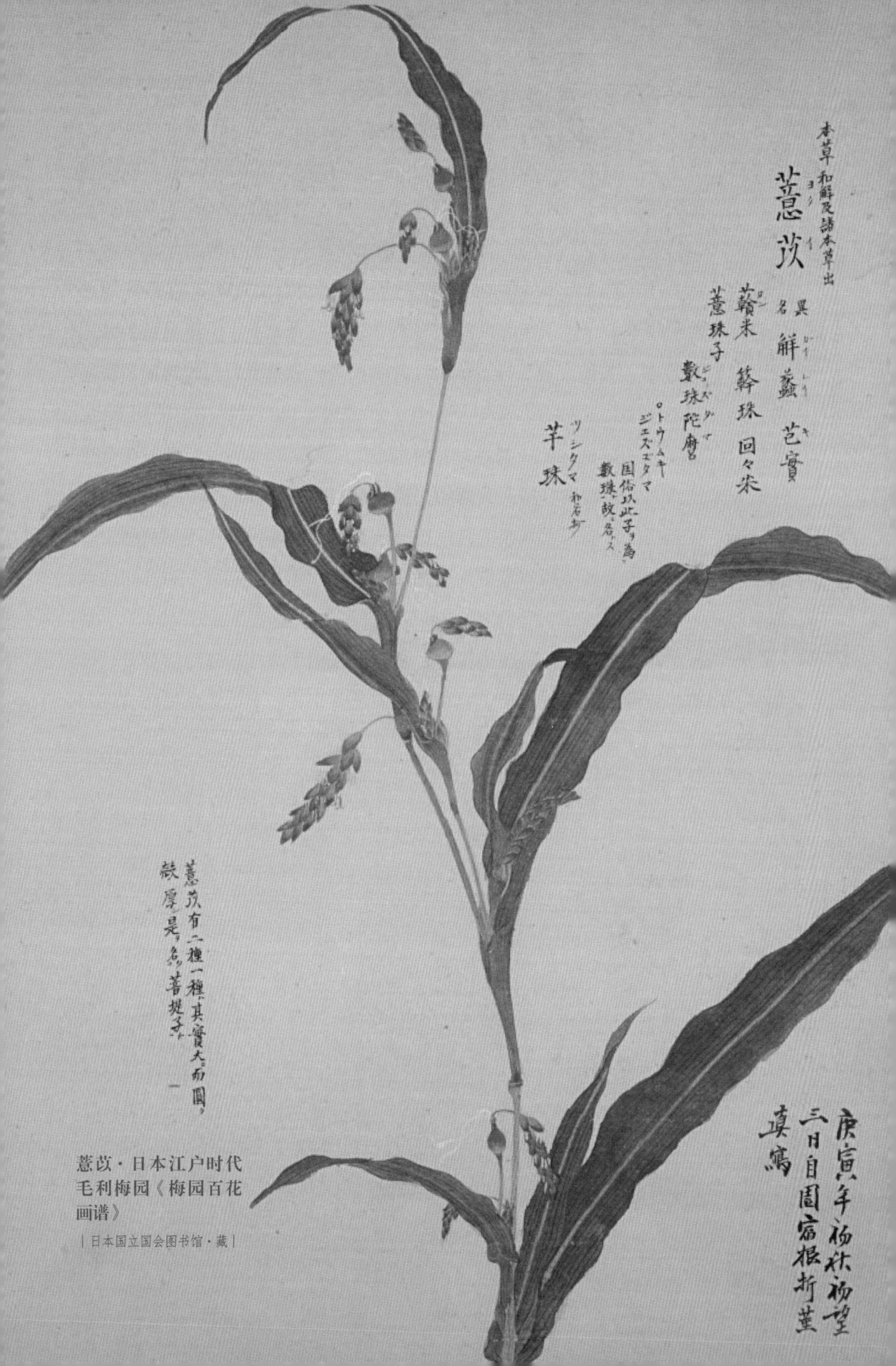

薏苡 · 日本江户时代
毛利梅园《梅园百花
画谱》

| 日本国立国会图书馆 · 藏 |

元代官修农书《农桑辑要》及明代徐光启《农政全书》都记载:“九月霜后收子。至来年三月中，随耕地于垄内点种。”明代李时珍《本草纲目》记载:“薏苡，人多种之。二三月宿根自生，叶如初生芭茅，五六月抽茎开花结实。”薏苡自古就有不同品种，南北朝刘宋雷敩（xiào）《雷公炮炙论》中记载:“凡使薏苡仁勿用赣米，颗大无味，其赣米时人呼为粳赣是也。”《本草纲目》又记载:“一种粘牙者，尖而壳薄，即薏苡也，其米白色，如糯米，可作粥饭及磨面食，亦可用米酿酒；一种圆而壳厚坚硬者，即菩提子也，其米少，即粳赣也。其根并白色，大如匙柄，糺（纠）结而味甘也。”薏苡的米质和稻米一样有糯性和非糯性两类，非糯的籽实药食两用；糯质籽实可食用和酿酒。根据李时珍的记载，可知明代已经根据薏苡的特性进行分类，不同品种适用不同的利用方式。明代《五杂俎》及《凤州笔记》分别谈到当时京师（今北京）和苏州的薏苡酒品质颇佳。

如今，中国不仅是薏苡种植大国，也是薏苡仁消费大国，还出口到日、韩等国。随着薏苡的养生、保健、美容功效被广泛认识，薏苡的需求量还将进一步增加。

第三节 茯苓

采苓采苓，首阳之巅。

汤泛冰瓷一坐春，长松林下得灵根。
吉祥老子亲拈出，个个教成百岁人。
——北宋黄庭坚
《鹧鸪天·汤泛冰瓷一坐春》

茯苓是“中药八珍”之一，具有渗湿利水、健脾和胃、宁心安神的作用。因其与各种药物都能配伍，不管寒、温、风、湿诸疾，都能发挥其独特功效，因此，古人称之为“四时神药”。

茯苓，多孔菌科茯苓属的干燥菌核；寄生于松科植物赤松或马尾松等树根上，深入地下 20 ~ 30 厘米，表皮淡灰棕色或黑褐色，内部白色稍带粉红，有特殊臭气，别名茯菟、茯灵、茯蕶、伏苓、松腴、绛晨伏胎、云苓、松薯、松木薯、松苓等。

安魂养神益延年

茯苓的药用，在中国已有两千多年的历史了。中国最早的本草著作《神农本草经》将茯苓列为上药，说其有“久服，安魂养神，不饥延年”的功效。宋代《本草衍义》记其“行水之功多，益心脾不可阙也”。明代《本草纲目》记其“生津液，开腠理，滋水源而下降，利小便”。中国传统中药学认为茯苓性

土茯苓·清末广州画坊《各种药材图册》

| 荷兰国立世界文化博物馆·藏 |

味甘淡平，入心、肺、脾经。可治小便不利，水肿胀满，痰饮咳逆，呕逆，恶阻，泄泻，惊悸等症。茯苓之利水，是通过健运脾肺功能而达到的，与其他直接利水的中药不同。

《诗经》中有“采苓采苓，首阳之巅”的记载。这里所提的“苓”，就是能安神定气的茯苓。首阳，即雷首山（今山西永济市南）。晋朝博物学家郭义恭《广志》记载：“今太（泰）、华、嵩山皆有之……有赤、白二种……大者至数斤。”魏晋时期，茯苓被当作养生佳品，王公大臣们常用茯苓与白蜜同服。晋朝著名医学家陶弘景说茯苓是“通神而致灵，和魂而炼魄的上品仙药”。晋代葛洪的《抱朴子》记有这样一个传说：有一个叫任子季的人，连续服用茯苓十八年，不食人间五谷，身体如同美玉一样娇润。《太平御览》卷引三国时曹丕《典

茯苓·清末广州画坊《各种药材图册》

丨荷兰国立世界文化博物馆·藏丨

论》：记载颍川（今河南禹州）有一个叫郑俭的人辟谷养生，只食茯苓。由于当时社会推崇茯苓的药用价值，以致三国时期颍川“初检至市，茯苓价暴贵数倍”。

唐代奇书《枕中记》记载，“茯苓久服，百日病除，二百日昼夜不眠，二年驱使鬼神，四年玉女来侍”，指茯苓具有神奇的养神养阳作用。唐代文学家柳宗元因病，遵医嘱服茯苓，结果因误食野芋头而加重病情，气愤之余，便写了《辨茯苓文并序》以警示世人。北宋文学家黄庭坚在《鹧鸪天》诗中称茯苓可以使人长生百岁。茯苓在宋代药材出口商贸中占有一定的市场，据《宋会要》记载宋太祖开宝四年（971 年）出口的六十余种药材中，茯苓和茯神占有很重要的地位。

土茯苓·清代吴其濬《植物名实图考》，清道光山西太原府署刻本

自汉朝以来，茯苓被医药家所重视，成为著名古方剂中的常用中药。如东汉“医圣”张仲景《伤寒论》中的“五苓散”、《金匮要略》中的“苓桂术甘汤”；宋代陈师文《太平惠民和剂局方》中的“四君子汤”；清代梁廉夫《不知医必要》中的“茯苓汤”；清代吴谦《医宗金鉴》中的“四苓汤”等，均是有茯苓配伍的常用方剂。赤茯苓和茯苓皮能利尿消肿，多与白术、猪苓、泽泻、桂枝配伍成“五苓散”，是中医治疗各种水肿的基本方剂。茯神有扶脾、养心安神的作用，可与人参、当归、龙眼肉等配制为归脾汤（丸），是治疗心脾两虚的补益药品。

碧松根下多茯苓

早在西汉时期，人们对茯苓的生活环境和习性就有记载。西汉淮南王刘安《淮南子》中有“千年之松，下有茯苓，上有菟丝”的记载。唐宋以后，对茯苓的记载更多。唐代诗人李商隐《送阿龟归华》中有“因汝华阳求药物，碧松根下茯苓多”的诗句；宋代药学家寇宗奭《本草衍义》有“茯苓乃樵砍讫多年松根所生”的记载；宋代药学家苏颂《本草图经》有“附根而生，无枝叶而实”的记载，对茯苓是寄生在松树根下土里的生长习性有基本的认识。所以，古代称茯苓为“伏灵”“松苓”“松薯”。据称有经验的药农只要见松针发红或萎黄，地面有白色的菌丝，就能判断树下有无茯苓。

既然茯苓没有根茎，那么它是怎么生长的呢？东晋著名药学家葛洪在他的《神仙传》中有“老松精气化为茯苓”；清代贾九如谓茯苓是“假松之真液而生，受松之灵气而结”，他们都认为茯苓是假松树之真液、化松树之真“气”而生，菌类与环境存在着物质与能量的交换，这比较符合中国古代的“风土论”之说。到明代，李时珍对“千年之松，下有茯苓，上有菟丝”之说考证后，认为“非菟丝子之菟丝”，乃是“下有茯苓，则生有灵气如丝之状”，认识到“菌丝”是茯苓生长发育的营养体，并引证了南朝宋王微《茯苓赞》中的“皓苓下居，彤丝上荟”，这是关于菌类营养体“菌丝”的最初描述，说明对茯苓营养生理有了更深的认识。同时，这种生理特征也成为人们寻找采挖野生茯

兖州茯苓（左）西京茯苓（右）·清末广州画坊《各种药材图册》

丨荷兰国立世界文化博物馆·藏丨

苓的重要标志。

人工栽培茯苓始于南北朝。北宋唐慎微《经史证类备急本草》（简称《证类本草》）引陶弘景语："茯苓，今出郁州（今江苏灌云县）东北""彼土人乃故斫松作之，形多小，虚赤不佳"，记载当地居民已经利用松树砧木进行肉引栽培，但培育出来的茯苓个小、色不佳。到南宋，周密《癸辛杂识》的"种茯苓"篇详细记载了当时浙江一带"利用松根"人工培植茯苓的方法："以大松根破而系于其中，而紧束之，使脂液渗入于内，然后择地之沃者，坎而瘗（yì）之。三年乃取，则成大苓矣"。斫大松根作为"肉引"，能为菌核提供更多营养；将菌核接种于松树段，将它们紧束在一起，有利于菌丝浸入松根；然后择肥沃之地，挖坑将其掩埋；三年后，茯苓方生成，可见当时的茯苓种植技术已比较成熟。

南宋以后，茯苓种植逐渐南移。明代以后，湖北、河南、安徽交界的大别山地区成为茯苓的道地产区。明代倪朱漠《本草汇言》则详尽记载了浙江温州、处州（今浙江丽水）等处山农排种茯苓的方法："伐松树，根任其自腐，取新苓之有白根者，名曰茯苓缆，截作寸许长，排种根旁，久之发香如马勃，则茯苓生矣。……山农以此法排种，四五年即育成"，将有白色菌丝的新苓截成若干寸长的种菌，排列埋种在根旁，四五年即育成。这种排种方法，相较以前种植效率和效益更大。

茯苓人工栽培需要大量的松木作为寄主，其生长过程中还会对附近的土壤造成破坏。清代吴其濬在《植物名实图考长编》中记载了土壤破坏情况："然山木皆以此翦薙（tì），尤能竭地力，故种茯苓之山，多变童阜，而沙崩石陨，阻遏溪流，其害在远。""利用松根"人工培植茯苓成活率并不高，产量也不稳定。直到 20 世纪 60 年代末，利用茯苓纯菌种栽培才获得成功，促进了茯苓产量大幅增长。

茯苓的传统干燥加工方式，有别于其他食用菌采用的暴晒或烘烤方法，而是采用一种叫"发汗"的特殊闷闭方法，让茯苓菌核中的水分自行蒸发，整个过程历时数月，而且需要熟练的技术，否则很容易闷出霉变。

作为一种利水渗湿的药食同源食用菌，茯苓被广泛应用于宫廷的日常饮食养生中。八珍糕是清代宫廷常用的补益方之一，制作材料有茯苓、莲子、芡实、扁豆、薏米、山药、藕粉等，有健脾养胃、益气和中的效果。据说乾隆皇帝尤为喜欢食用，八十多岁时仍常食之。慈禧太后常令御膳房做"茯苓饼"，并用来赏赐王公大臣，后发展为清末宫廷名点之一。茯苓夹饼是京华风味特色食品，旧京前门外大栅栏"聚顺和"的茯苓饼最为著名。

在中国古典名著《红楼梦》中多次提及茯苓，在第六十回中广州地方官来拜访贾家送的做门礼便是茯苓霜，"茯苓霜雪白的，拿人奶和了，每日早上吃上一盅，最补人的"。在第二十八回宝玉向王夫人罗列了一堆丸药的名字，其中就有"千年松根茯苓胆"。另外林黛玉吃的"人参养荣丸"、秦可卿吃的"益气养荣补脾和肝汤"中的方子里都含有茯苓这味本草。

第四节 赤芍 白芍

万卉争春放，开迟剩此花。

花容绰约产维阳，相谑尤堪赠女娘。
肺部气虚还自敛，肝经血热悉皆凉。
除蒸堪使经无阻，止痛须知痢不伤。
赤泻更能行恶血，通将小便利膀胱。

——清代赵瑾叔《本草诗》

芍药既是中国传统名花，又是药用价值极高的本草植物。清代赵瑾叔的《本草诗》以扬州芍药绰约甲天下，《诗经·溱洧》中情人离别相赠芍药的故事，歌咏了芍药的药用价值。

芍药，毛茛科芍药属草本植物。中国有两千多年的芍药药用历史，芍药有赤白之异，赤者泻热散邪，能行血中之滞；白者补虚益脾，能敛肺中之气。

破坚积寒热疝瘕

秦汉时期，芍药的药用价值已被发现和利用。《神农本草经》将芍药列为中品药，“味苦，主治邪气腹痛，除血痹，破坚积寒热疝瘕，止痛利小便，益气”。西汉刘向《别录》曰：“（芍药）通顺血脉，散恶血，去水气，利膀胱大小肠，消痈肿。”司马相如在《子虚赋》中说“芍药之和具而后御之”，芍药有止毒奇效，可和味去毒。陶弘景《本草经集注》有：“芍药赤者小利，俗方以止痛，乃不减当归。”《本草纲目》中记载：“芍药二分，虎骨一两，……可以治疗虚痛，风毒骨痛，脚气肿痛等。”

唐宋以后，随着芍药需求的增加，人工栽种逐渐增加，芍药始分赤芍和白芍。赤芍是野生芍药的根，根瘦小，味苦微寒，有养血调经、清热凉血、祛瘀止痛的功效。白芍是栽种芍药的根刮去外皮加工而成，根肥大，味苦微寒，有平抑肝阳、柔肝止痛及敛阴养血的功效。历代医家都非常重视芍药在方剂中的应用，东汉张仲景《伤寒论》中用芍药的方剂达三十个之多。其中“桂枝汤”“温经汤”和宋代《太平惠民和剂局方》中的“四物汤”，都是现在还在应用的著名汤剂。

现代研究发现：赤芍、白芍提取物有抗血栓形成、抗血小板聚集、抗凝血、激活纤溶的作用；还有保肝、镇痛、抗胃溃疡及抗肿瘤的作用。

白芍药·明代文俶《金石昆虫草木状》，明万历时期彩绘本

| 台北图书馆·藏 |

生中岳川谷及丘陵

秦汉时期，芍药主要采自野生芍药属多种芍药的根，既有草芍药及其变种，也包括牡丹（别名木芍药）、野生芍药，利用资源非常丰富。先秦时期的《山海经》记载："东北五百里，曰条谷之山（今甘肃临洮云谷山），其木多槐、

赤芍药·明代文俶《金石昆虫草木状》，明万历时期彩绘本

丨台北图书馆·藏丨

桐，其草多芍药、虋（mén）冬”“又东南一百二十里，曰洞庭之山……，其木多柤、梨、橘、櫾（yòu），其草多荄（jiān）、蘪芜、芍药、芎藭（qióng）”，条谷山和洞庭山皆产野生芍药。西汉刘向《别录》曰：“芍药生中岳川谷及丘陵，二月、八月采根，曝干。”南朝陶弘景在《本草经集注》中说，“芍药今出白山、蒋山、茅山最好，白而长大，余处亦有而多赤，赤者小利”，江苏白山、蒋山（今江苏钟山）、茅山一带开白花的芍药最好，其他地方开红花的芍药利尿。据唐代《通典》记载：“赤芍药十斤，今胜州”，胜州在今内蒙古准格尔旗一带，而今天的赤芍药道地产地多伦县也在内蒙古。史料表明，大约五代时期，中国江南地区才开始大规模种植芍药，所以可以认为五代之前，医家所用的芍药基本都是野生品种。

到宋代，芍药人工种植面积和数量扩大。宋代苏颂《本草图经》记载：“今处处有之，淮南者最盛。……夏开花，有红白紫数种……根亦有赤白二色”，说明当时淮南地区是芍药的种植中心，主要用赤白二色花入药。苏颂则较详述其形态：白芍“春生红芽作丛，茎上三枝五叶，似牡丹而狭长……夏初开花，有红白紫数种，……秋时采根”。明清时期，药用和观赏芍药分开种植。李时珍在《本草纲目》中说，“今药中所用，亦多取扬州者。……入药宜单叶之根，气味全厚。根之赤白，随花之色也”，明代白芍种植中心是安徽亳州，赤芍、白芍随花色用药。清代又转到山东曹州（今山东菏泽）。明代方以智《物理小识》记载有，“今按山中种芍者，采根曝乾即赤芍，刮其根皮而蒸乾为白芍”，按照加工方法区分赤芍、白芍。目前在秦岭、大别山等地尚有野生赤芍。白芍按产区分为：浙江的杭芍、安徽的亳芍、四川的川芍三大类。

在欧洲，芍药最先是被当作药材载入文献的。芍药的药用价值在古罗马学者普林尼的《博物志》和医学家狄奥斯科里迪斯的《药理》中均有记载，不仅比《诗经·溱洧》的记载晚，也比西汉刘向的《别录》对芍药的药用价值记载晚上百年。在 14 世纪和 15 世纪，芍药根制成的粉是英国富人们烤肉的上佳佐料，跟现在黑胡椒粉一样，这在 1381 年兰格伦的著名长诗《农夫皮尔斯》中有过描述。

第五节 菟丝子

菟丝从长风，根茎无断绝。

爰采唐矣？沫之乡矣。
云谁之思？美孟姜矣。
期我乎桑中，要我乎上宫，
送我乎淇之上矣。
——先秦《诗经·鄘风·桑中》

《诗经·鄘风·桑中》曰："爰采唐矣？沫之乡矣。云谁之思？美孟姜矣。期我乎桑中，要我乎上宫，送我乎淇之上矣。"这是一首先秦时期的爱情诗，诗中的"唐"就是自古作为爱情象征的菟丝子。

菟丝子，旋花科菟丝子属一年生寄生性草本植物，生于田边、路边、荒地、灌木丛及山坡向阳处，多寄生于豆科、菊科、藜科等草本植物上，又名菟缕、菟芦、菟丝、吐丝子、萝丝子、女萝、玉女、金线草等。

补肝肾 益精髓

菟丝子在《神农本草经》中被列为上品药，"味辛平，主续绝伤，补不足，益气力，肥健。久服明目，轻身延年"。李时珍《本草纲目》中记载："菟丝子，精益髓，去腰疼膝冷，消渴热中。久服去面，悦颜色。养肌强阴，坚筋骨，主茎中寒，精自出，溺有馀沥，口苦燥渴，寒血为积。"明末医药学家倪朱谟在《本草汇言》中说："补肾养肝，温脾助胃之药也。"李时珍和倪朱谟都指出了菟丝子有养经益气、补肾养肝的作用。此外，菟丝子还是古代女子常用的天然美白护肤原料，《神农本草经》和《食鉴本草》等都记载："汁，去面皯（gǎn）""益体添精，悦颜色，黑须发""久服令人光泽，老变为少""柔润肌肤之功用"，这些都指出菟丝子有美白肌肤、乌须发的作用。

菟丝子性味甘平，入肝、肾、心经，具有滋补肝肾、固精缩尿、安胎、明目的功效，在古代被称为男女两科之圣药。中国古代以菟丝子入药的方剂众多，唐代药王孙思邈《千金要方》记载有以五味子、牡荆子、菟丝子、车前子、菥蓂子、蛇床子等为主要原料的"七子散"，治疗"丈夫风虚目暗，精气衰少无子"等病症。还有以菟丝子、枸杞子、车前子、覆盆子、五味子入药的"五子衍宗丸"；以菟丝子、山药、莲子、枸杞、茯苓入药的"菟丝子丸"，都具有补肾益精的作用。中医认为肾为先天之本，内寓元阴与元阳，是人体生殖发育的根源，脏腑机能活动的原动力。

现代研究发现：菟丝子内含糖甙、β- 胡萝卜素、γ- 胡萝卜素、维生素 A 等物质，有促性腺激素、免疫调节、抗衰老的作用。

菟丝无根寄空中

关于菟丝子民间有一个传说故事：从前有个喜欢兔子的老财主，专雇长工给他养兔，并规定"每死掉一只兔，要扣掉四分之一的工钱"。后来有一只兔子因腰伤奄奄一息，长工怕财主惩罚，便偷偷地将它藏在了黄豆地里。没想到这只兔子不但没死，腰伤还痊愈了！原来这只伤兔啃食黄豆地里缠绕在豆秸上、长长的黄丝藤，他发现了这种植物的神奇药效，就把它取名"兔丝子"。因为是草本植物，后人在"兔"字上加"艹"字头，就成了"菟丝子"。人们还编了一个谜语：澄黄丝儿草上缠，亦非金属亦非棉。能补肝肾强筋骨，此是何药猜猜看？

古代楚人称虎为"於菟"，从植物的生理特点上看，菟丝子是一种全寄生植物，体内既没有叶绿体，也没有从土壤中吸收养分的根部，它的生存完全依靠从寄主植物中“吸血”，因此，它的根茎犹如老虎的利齿，被寄生的植物统统死光。对农民来说，菟丝子是一种繁殖力强的农业害草，一旦发现必须马上刈锄，不然会造成很大的经济损失。就是这么一种掠夺性很强的农业害草，它的种子却是一味神奇的平补肝肾的良药。

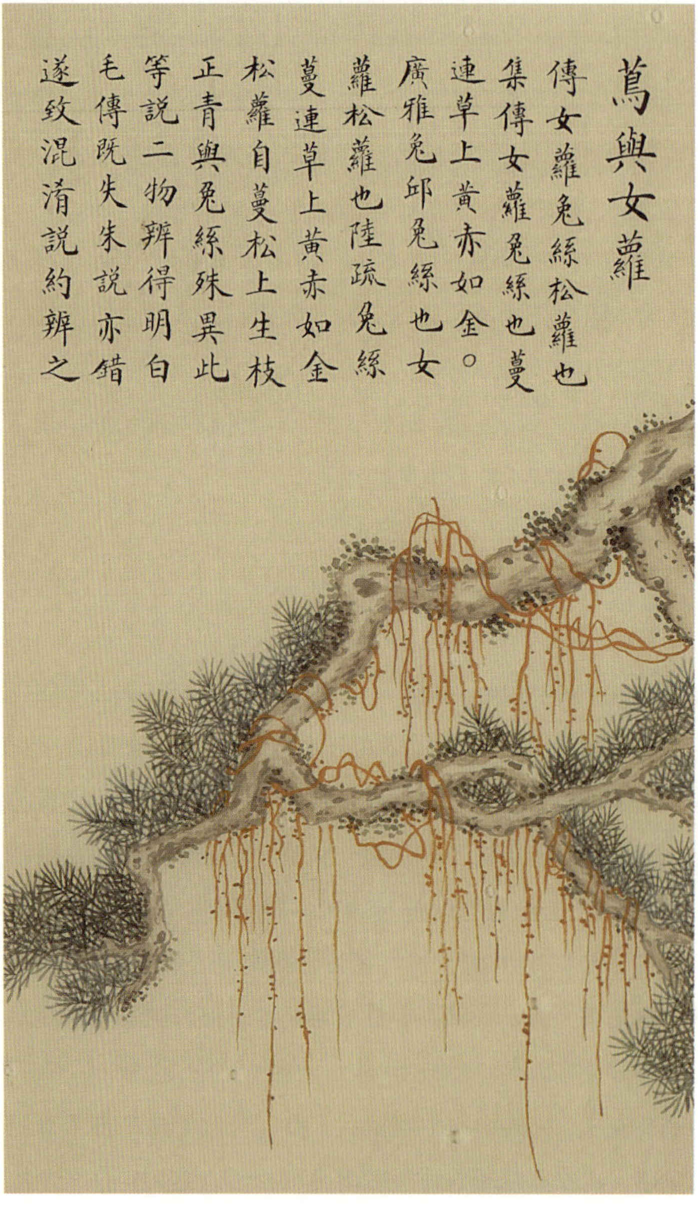

茑与女萝·日本江户时代橘国雄《毛诗品物图考》

|台北故宫博物院·藏|

李时珍《本草纲目》引《吕氏春秋》云："菟丝无根，其根不属地，假气而生，今观其苗，初生若丝，遍地不能自起，得草梗则缠绕随上而生，其根渐绝于地而寄空中。"并引陶弘景曰："田野墟落中甚多，皆浮生蓝、纻、麻、蒿上。"说明其对菟丝子的寄主植物的生长特性有很深的了解。菟丝子是一种攀缘性草本植物，藤茎生长迅速，不断分枝攀缠果株，并彼此交织覆盖整个树冠，形似"狮子头"。到了秋天，菟丝子绽发出小团伞形的花序，结出簇簇黄白色的蒴果，里面有许多土黄色如小米粒的种子。质地坚硬的种子，很难用指甲压碎。用沸水浸泡后，表面有黏性，煮沸至种皮破裂，会露出黄白色细长卷旋状的胚，就是大家通常所说的"吐丝"。"《本草纲目》还记载了其酒浸、蒸熟制的加工方法。

单州菟丝子·明代文俶《金石昆虫草木状》，明万历时期彩绘本

| 台北图书馆·藏 |

中国最早的中药炮制学专著南北朝刘宋时期《雷公炮炙论》就记载了菟丝子的炮制方法："采得，去粗薄壳，用苦酒浸二日，漉出，用黄精自然汁浸一宿，至明，微用火煎至干，入臼中，热烧，铁杵三千余成粉。用苦酒并黄精自然汁与菟丝子相对用之。"

第六节 茱萸

朱实山下开，清香寒更发。

万物庆西成，茱萸独擅名。
芳排红结小，香透夹衣轻。
宿露沾犹重，朝阳照更明。
长和菊花酒，高宴奉西清。

——南唐徐铉《茱萸诗》

“茱萸”作为草本植物，因历代文人墨客题咏颇多而知名。在历史上很长一段时间，人们一直认为茱萸是一种植物。殊不知，茱萸有山茱萸、吴茱萸，虽一字之差，但却是两味完全不同形态、不同科属、不同性味的本草药物。

山茱萸，山茱萸科山茱萸属乔木或灌木植物。主要分布于陕西、河南、浙江、安徽、山西、四川等省，集中分布于“两山加一岭”，即河南的伏牛山、浙江的天目山、陕西的秦岭。山茱萸又名蜀枣、肉枣、枣皮等。

吴茱萸，芸香科吴茱萸属木本植物。主要分布于陕西、甘肃、安徽、浙江、福建、台湾、湖北、湖南、广东、广西、四川、贵州、云南。又名吴萸、左力、石茱萸、淡茱萸等。因其果实香气浓烈，味苦而辛辣，所以在各地俗称辣子、臭辣子树、气辣子、曲药子、茶辣等。

“芳排红结小，香透夹衣轻。宿露沾犹重，朝阳照更明”，寒露节气是吴茱萸果实成熟的时节。

“朱实山下开，清香寒更发。幸与丛桂花，窗前向秋月”，秋分节气是山茱萸果实成熟的时节。

山茱萸胜过人参

早在两千多年前，山茱萸、吴茱萸就已经被《神农本草经》列为中品药，并详细记载了它们的药性和功能。山茱萸“味酸平，生山谷。治心下邪气寒热，温中，逐寒湿痹，去三虫，久服轻身”。吴茱萸“主温中，下气，止痛，又除湿血痹，逐风邪，开腠理，咳逆，寒热”。《神农本草经》明确指出它们是两味药性不同的本草，山茱萸偏于滋阴，吴茱萸偏于温阳。

南朝梁医药学家陶弘景在《本草经集注》《名医别录》两本医著中记载了“山茱萸，生汉中山谷”“山茱萸，生汉中山谷，九十月采实”，汉中北界秦岭，境内多山，气候温暖湿润，雨量充沛，土壤疏松肥沃，自古就是山茱萸的著名产地。宋代药物学家苏颂《本草图经》记载：“木高丈余，叶似榆，花白。子初熟未干，赤色。”明代朱橚（sù）《救荒本草》还记载：“结实似酸枣大，微长赤色，既干则皮薄味酸。”山茱萸甚至是荒年救荒粮食。到秋末冬初果皮变红时采收，用文火烘或置沸水中略烫后，及时除去果核，晾晒干燥后留用。

山茱萸性味酸、平，无毒。南北朝刘宋雷敩《雷公炮炙论》是我国最早的中药炮制学专著，其中记载山茱萸能“壮元气，秘精”。陶弘景《名医别录》认为山茱萸“强阴，益精，安五脏，通九窍，强力”。唐代药学家陈藏器《本草新编》认为，“山茱萸补肾水，而性又兼涩，滑精可止也，小便可缩也，三虫可杀也”。明代李时珍《本草纲目》将山茱萸列为上品药，是“补血固精、补益肝肾、调气、补虚、明目和强身之药”，有“久服可黑发悦颜，轻身延年”的作用。

历代以山茱萸入药的方剂和丸剂甚多。东汉张仲景《金匮要略》中就有以山茱萸为主药的“崔氏八味丸”“肾气丸”。宋代太医钱乙以张仲景“肾气丸”为主方，减去桂枝、附子，以此方治愈了年幼太子的失语症，遂成后来的著名中药“六味地黄丸”。现在以山茱萸为主要原料的六味地黄丸、金匮肾气丸、左归丸、知柏地黄丸、杞菊地黄丸等著名中药丸剂，临床上用于滋阴补肾。

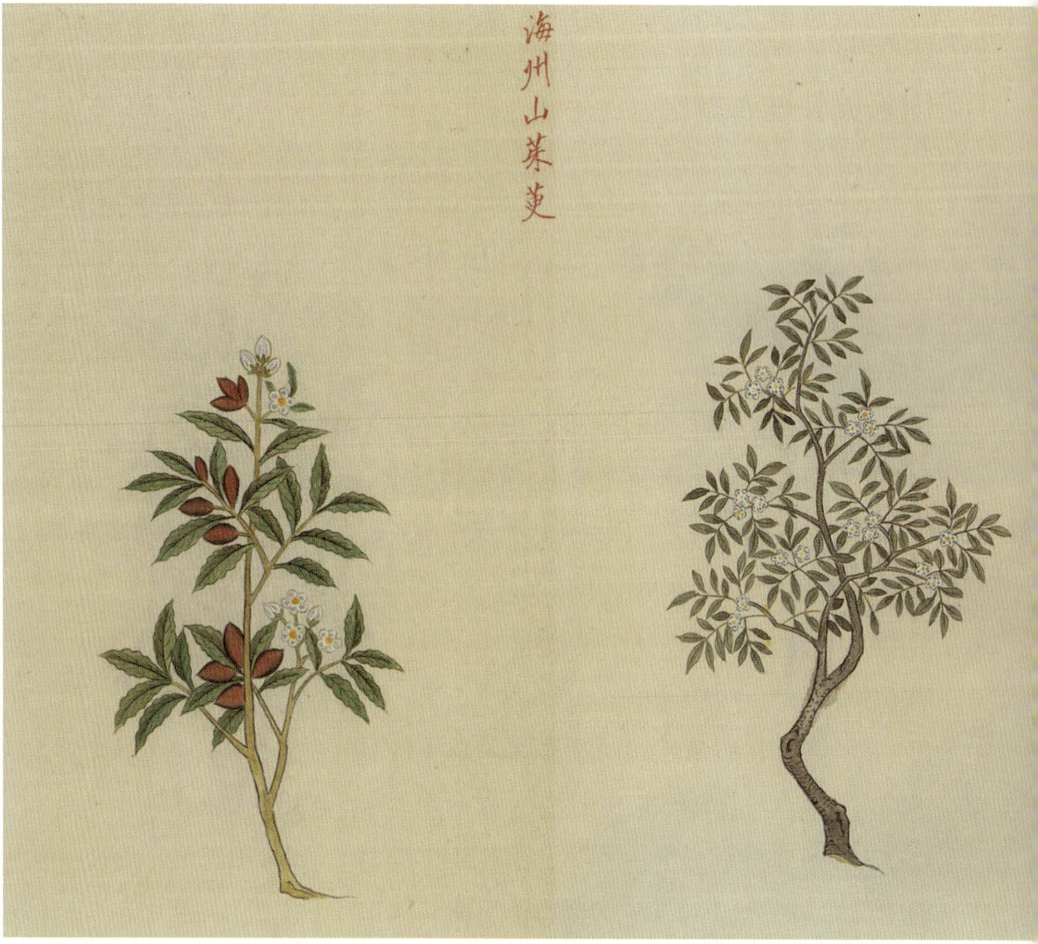

海州山茱萸、兖州山茱萸、临江军吴茱萸和越州吴茱萸·明代文俶《金石昆虫草木状》明万历时期彩绘本

| 台北图书馆·藏 |

现代医学研究发现，山茱萸的主要成分为环烯醚萜及苷、三萜、黄酮、鞣质等，具有抗炎、抗肿瘤、保护心肌、降血糖、调节骨代谢、保护神经元、抗氧化等多种药理作用。

吴茱萸辛香辟邪

唐玄宗开元四年（716 年），十五岁的少年英才王维去京城应试，因写下了“新丰美酒斗十千，咸阳游侠多少年”而崭露头角。两年后的重阳节，他看

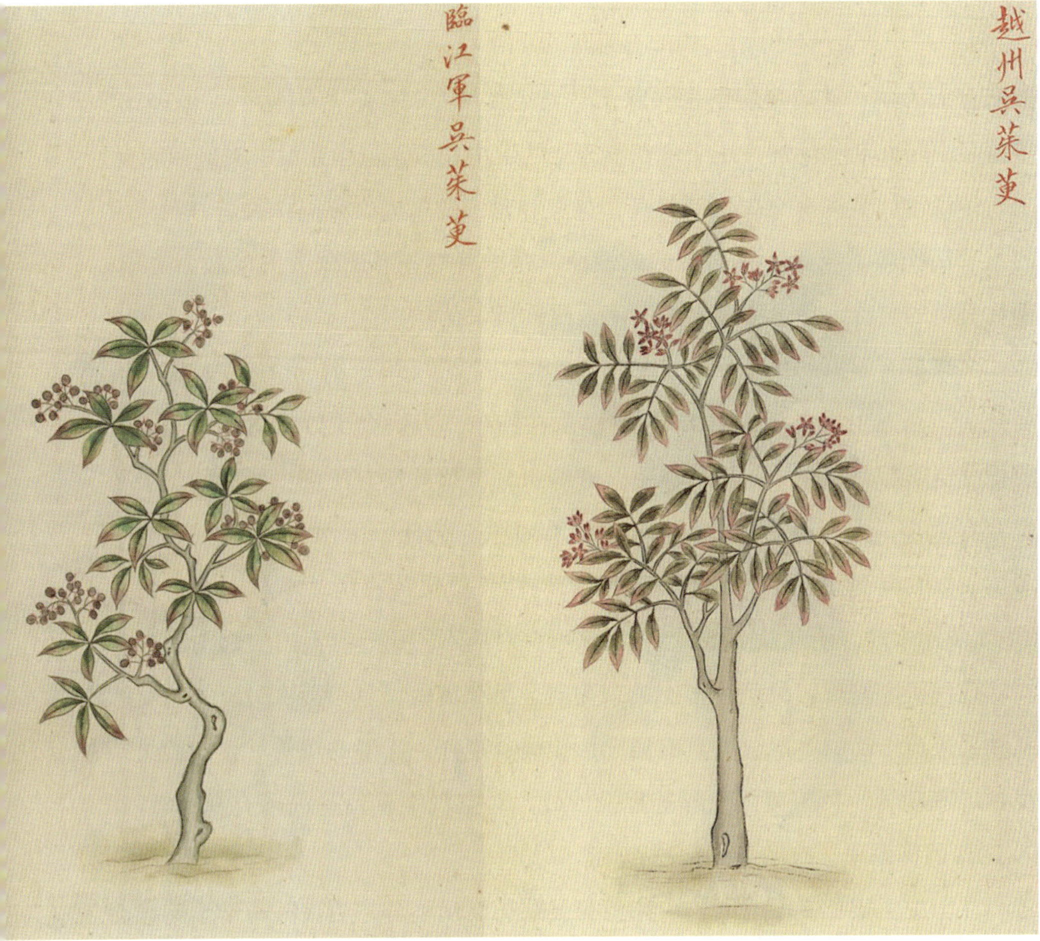

到别人家都在登高望远，而自己却孤身一人，又提笔写下了那首流传千古的名句："独在异乡为异客，每逢佳节倍思亲。遥知兄弟登高处，遍插茱萸少一人。"

吴茱萸的药用价值，最早记载在东汉张仲景的《伤寒论》，"少阴病，吐利，手足逆冷，烦躁欲死者，吴茱萸汤主之"，详述了吴茱萸具有温中、止咳逆、止痛的作用。明代《本草纲目》记载："辛热，能散能温；苦热能燥能坚。故其所治之症，皆取其散寒温中、燥湿解郁之功而已。"中国古代《圣惠方》《千金翼方》《仁存堂经验方》等医著中的诸多方剂都有以吴茱萸为主药的散寒止痛、降逆止呕、治头风等功效。历代医家多以吴茱萸的辛温、大热之性来温中，以散寒止痛为主，兼以燥湿解郁。除了“吴茱萸汤”，还有“四神丸”“温经汤”等著名中药丸剂和汤剂，用于现在临床上的温中和胃、温中止泄、温经散寒。

传说古代吴国有个国王叫吴萸，吴萸和楚国的朱大夫靠一株长着红色果实的本草而挽救了成千上万名百姓的性命。楚国百姓为感谢朱大夫的救命之恩，便在吴萸的名称中加上一个“朱”字，改称吴朱萸。

吴茱萸有驱虫的作用,《千金要方》《本草图经》《本草纲目拾遗》中都记有吴茱萸“杀恶虫毒，牙齿虫匿”“有白虫在脾中，为病令人好呕者，取东行茱萸根，空腹服，虫便下出”,“白虫”即绦虫，吴茱萸根有驱蛔虫的作用。吴茱萸含有微毒，古人认为多食易伤神和走火动气。为此，采用了盐水洗、醋煮、酒煎、炒焦等炮制法，以降低其毒性和燥性。清代黄宫绣《本草求真》记有“止呕黄连水炒，治疝盐水炒，治血醋炒”，对应不同病症有不同的炮制法。

现代研究发现，吴茱萸含有吴茱萸酸、吴茱萸碱、吴茱萸次碱、吴茱萸因碱和吴茱萸卡品碱等成分，具有温中、止痛、理气、燥湿的功效。含有的吴茱萸烯、罗勒烯、吴茱萸内酯醇等挥发成分，对空气中真菌和细菌有 97.86% 和 99.50% 的抑菌率，有明显的抑菌作用。

在历史上很长一段时间，山茱萸与吴茱萸混淆不分，唐代医药学家陈藏器说,“茱萸南北总有，入药以吴地者为好，所以有吴之名也”,“吴地”指今天的江浙一带。宋代药物学家苏颂在《本草图经》中也有:“今处处有之，江浙、蜀汉尤多。木高丈余，皮青绿色；叶似椿而阔浓，紫色；三月开花，红紫色；七月、八月结实，似椒子，嫩时微黄，至成熟则深紫。”详细记载了吴茱萸的生长环境和生长特点，吴茱萸开红花，不同于山茱萸开白花。明代倪朱谟在《本草汇言》中有“闽中最胜”之说，可见吴茱萸在福建等地的应用。

中国自古以来就有以辛香之物辟秽祛邪的习俗，吴茱萸气味辛辣芳香且有毒性，是驱虫辟邪之物，有“辟邪翁”之名。西汉淮南王刘安的《淮南万毕术》记载:“井上宜种茱萸，叶落井中，饮此水无瘟疫。悬其子于屋，辟鬼魅。”汉代班固《汉书·五行志》中也记载:“舍东种白杨、茱萸，增年除害。”古代最怕的就是疫病流行，在井旁、屋舍旁栽种吴茱萸，辛香气味有助于驱虫，叶

蜀茱萸·明代文俶《金石昆虫草木状》，明万历时期彩绘本

| 台北图书馆·藏 |

蜀地还出产一种树形高大的蜀茱萸，果实刚成熟时颜色为正绿色，味道辛辣，晒干后，川人常用来烹茶、泡酒，一粒下杯，少顷香满杯盏。

子落入井中有助于消毒井水，防止疫病的传播，这与饮菊花水辟邪增寿如出一辙。

自汉代起，已形成“九月九”皇帝赐百僚茱萸的汉官制和百姓佩茱萸“驱邪保安康”的风俗。汉代刘歆《西京杂记》记载：“九月九，佩茱萸，食蓬饵，饮菊花酒，令人长寿。”晋代周处的《阳羡风土记》也有“九月九，折茱萸房以插头，言辟除恶气而御初寒”，吴茱萸是辛温之物，插茱萸有辟邪驱寒之意。南朝梁吴均的《续齐谐记》记载了九月九佩吴茱萸香囊防疫的传说，汝南人桓景跟随一个叫费长房的人学道多年，一日长房对他说：“九月九日，汝家当有灾厄，宜急去令家人各作绛囊，盛茱萸以小臂，登高，饮菊花酒，此祸可除。”桓景听从费长房的话，举家外出登山。次日早晨返回家中，见家中鸡犬牛羊全部暴死。长房闻之曰：“此可代也。今世人九日登高饮酒，妇人带茱萸囊，盖始于此。”这个传说虽然有些迷信色彩，却反映出古代先民对九月初九“重阳”这个特殊日子的敬畏和防疫避祸的愿望。

重阳节源于上古时期的祭祀“大火星”仪式，作为古代季节星宿标志的“大火”，在九月逐渐隐退，使得以“火历”为季节生产与生活标识的古人失去了时间的坐标。同时，火神的休眠意味着漫长的冬季即将到来，阳消阴长，天地之气交换会产生一种不正之气，因此，人们要举行送火神、登高趋近阳气、佩茱萸辟秽仪式，达到保平安的目的。随着人们对天时、物候和自然规律的认识，九月祭火星仪式逐渐衰落，但九月九重阳登高、佩茱萸仪式却保留了下来，逐渐形成后来的重阳节。

第七节 枸杞

暖腹茱萸酒，空心枸杞羹。

千年枸杞常夜吠，无数草棘工藏遮。
但令凡心一洗濯，神人仙药不我遐。
山中归来万想灭，岂复回顾双云鸦。
——北宋苏轼《次韵正辅同游白水山》

枸杞，茄科枸杞属多年生落叶灌木。全世界枸杞属植物大约有八十多种，主要分布在南美洲，少量分布在欧亚大陆温带。中国有 7 种 3 变种，主要分布于宁夏、甘肃、青海、内蒙古等地。枸杞是中国特有的名贵中药材，具有滋补肝肾、益精明目的作用，是传统的药食同源本草植物。在民间，枸杞也称苟起子、枸杞红实、甜菜子、西枸杞、狗奶子、红青椒、枸蹄子、枸杞果、地骨子、枸茄茄、红耳坠、血枸子、枸地芽子、枸杞豆、血杞子、津枸杞等。

补益精气坚筋骨

中国有两千多年的枸杞药用历史。《神农本草经》将枸杞列为上品药，“味苦寒，主五内邪气，久服坚筋骨，轻身不老”。东晋医药学家葛洪将枸杞奉为仙药，在东晋葛洪《抱朴子内篇》中说“上药令人身安命延”，久服轻身不老。枸杞根茎似西王母娘娘的仙人杖，又称“西王母杖”。南朝医药学家陶弘景在

枸杞·日本江户时代细井徇《诗经名物图解》

| 日本国立国会图书馆·藏 |

《名医别录》中说："根大寒，子微寒，无毒。主治风湿，久服耐寒暑。"宋徽宗时由朝廷组织编撰的医学全书《圣济总录》记载："地骨皮饮，治消渴，日夜饮水不止，小便利。"李时珍在《本草纲目》中说："棘如枸之刺，茎如杞之条，故兼名之""久服坚筋骨，补精气诸不足，明目安神，轻身不老。"

枸杞全身都是宝，枸杞的根皮（中药地骨皮），有解热止咳的效用。枸杞子味甘、性平，具有滋阴补血、益精明目等作用。中医常用于治疗因肝肾阴虚或精血不足引起的头昏目眩、腰膝酸软等症。在食疗药膳中，枸杞子也是常用佳品，民间也习用枸杞子治疗慢性眼病。唐代医药学家孙思邈《千金要方》中的"枸杞汤"。李时珍《本草纲目》中记载："枸杞子、地骨皮炼蜜丸如弹子大，每早晚各用一丸细嚼，以隔夜百沸汤下。滋肾润肺，明目。"元代滑寿《麻疹全书》中的"杞菊地黄丸"，系在六味地黄丸上加枸杞、菊花制成。

现代科学研究发现：枸杞含有黄酮类、萜类、生物碱、多糖等活性物质，具有促进免疫，调节脂质代谢，降低血糖的功效。近年美国科学家研究发现，枸杞含有的微量元素“锗”有明显抑制癌细胞的作用。

陟坡北山　言采其杞

中国有三千多年的枸杞利用历史，中国最早的诗歌总集《诗经》中有七处记载了枸杞,《国风·郑风·将仲子》中“无折树杞”，诗中将杞与桑、檀树并列，表明枸杞已经作为一种经济树种予以保护。《小雅·湛露》中“湛湛露斯，在彼杞棘，显允君子，莫不令德”，以枸杞比兴颂扬君子，说明了枸杞在当时人们心中所占有的地位。《小雅·杕（dì）杜》和《小雅·北山》中“陟坡北山，言采其杞”，登上北山高山坡，采摘枸杞红果，歌咏了采收枸杞的劳动场景。这两首诗中提到的“北山”和先秦的《山海经》所说的“长城北山”，都是指现在宁夏固原长城北面的“北山”，而宁夏中宁又是现在我国枸杞的主产区，可见这块低山丘岭区，自古就是枸杞起源地。

秦汉时期，开始在园圃人工种植枸杞。《左传·昭公十二年》载有“我有圃生之杞乎”，是说采集幼苗作蔬菜食用。东汉许慎在《说文解字》中特别注释：“杞，枸杞也。”南朝以后，枸杞的根、茎、叶已经被药用，陶弘景有“冬采根，春夏采叶，秋采茎实”的记载。春夏采食鲜嫩的枸杞叶子，“其叶可作羹，味小苦”。唐代甄权说：“(枸杞)叶和羊肉作羹，益人，甚除风，明目。”

唐宋，枸杞果实的药用价值得到更多的应用。唐末韩鄂《四时纂要》记载了九月“制枸杞酒”的过程，“九日收子，枸杞子二升，好酒二斗，搦（nuò）碎浸七日，漉去滓”，饮用有“去风补虚，长肌肉，益颜色，肥健延年”的效果。宋代药物学家寇宗奭也说“今人多用其子，直为补肾药”，认为枸杞子补肾延年。宋代苏东坡歌咏枸杞“根茎与花实，收拾无弃物”，赞美枸杞的根、茎、果皆可利用。

無折我樹杞

集傳杞柳屬也生水傍樹如柳葉麁而白色理微赤○嚴緝詩有三杞鄭風無折我樹杞柳屬也小雅南山有杞在彼杞棘山木也集于苞杞言采其杞隰有杞桋枸杞

無折我樹檀

傳檀彊韌之木集傳檀皮青滑澤材彊韌可為車○未詳

无折树杞·日本江户时代橘国雄《毛诗品物图考》

| 台北故宫博物院·藏 |

离家千里 勿食枸杞

宋代，关于枸杞的长生不老之功被不断神化。北宋翰林医官院编的《太平圣惠方》中记有一个神奇故事："一路人见一女郎怒打老翁，问之'此老何人，何故挨打？'女郎曰：'翁乃吾曾孙，令其服药不肯，故鞭笞之。'路人大惊，问女郎年龄。答：'三百七十二矣。'似此高龄，面如青春妙龄真乃奇迹。遂问及如何养身？女郎答：'药唯一种，然有五名，春曰天精，夏曰枸杞，秋名地骨，冬称仙人杖，亦谓西王母杖。四季常服其果，可使人与天地齐寿。'"从这个传说中，可知枸杞在宋代的整体价值已经被神化，从而带动了整个社会对枸杞的认同和追崇。

南宋文学家周密《浩然斋雅谈》云："宁徽宗时，顺州筑城，得枸杞于土中，其形如獒状，驰献阙下。"挖得形如獒状的枸杞根，如获至宝，飞驰敬献皇上。唐宋时期，刘禹锡、苏轼、梅尧臣、孟郊等文人的诗赋中也多提及枸杞。唐代诗人刘禹锡的"翠黛叶生笼石甃（zhòu），殷红子熟照铜瓶。上品功能甘露味，还知一勺可延龄"；宋代诗人苏轼的"千年枸杞常夜吠，无数草棘工藏遮。但令凡心一洗濯，神人仙药不我遐"，都歌咏了枸杞的长寿养生功效。民间流传有"离家千里，勿食枸杞"的谚语，意思是说枸杞滋肾益肝助阳，因此，离家外出远行的人还是不食枸杞子为妙。既然枸杞子有如此"强大"的功效，这也就难怪现在中老年人保温茶杯里时常泡着枸杞子了。

枸杞兼具药用、食用及观赏价值，随着社会关注度和需求量的增加，促进了枸杞的人工栽培发展。唐代医药学家孙思邈在全面总结劳动人民种植枸杞经验的基础上，在《千金翼方》中对人工种植枸杞的方法首次进行了详细描述：枸杞栽培主要采用扦插繁殖和实生苗繁殖两种方法，采用开沟种植和挖坑种植两种栽培模式，并对整地、施肥、灌水、采收的方法和时间等每个生产环节都有具体的要求。

到唐末五代时，枸杞栽培技术进一步成熟。韩鄂在《四时纂要》中记载了当时枸杞栽培采用种子"繁殖法"和"畦种法"的栽培技术，记述了二月"种

地骨皮 · 明代文俶《金石昆虫草木状》，明万历时期彩绘本

| 台北图书馆 · 藏 |

枸杞”、九月“制枸杞酒”、十月“收枸杞子”的农事活动，可见获取枸杞果实已经成为人工种植的目的之一。

宋元之际，种植枸杞已由单纯采摘茎叶和果实，转向全草兼收，应用范围进一步扩大。到了元朝初年，传统的枸杞栽培技术已经全部形成，开始有了小苗移栽和植株压条育苗等新技术，采用新方法培育的种苗肥壮而高大，移栽成活率高，枸杞的利用重点也开始转变为以采摘果实为主。枸杞的产区主要集中在西北地区。明清时期，枸杞的种植规模不断扩大。《本草纲目》记载：“惟取陕西者良，而又以甘州者为绝品”，“河西及甘州者，其子圆如樱桃，暴干紧小少核，干亦红润甘美，味如葡萄，可作果食，异于它处者”。清乾隆年间，“宁安（今宁夏中宁县）一带，家种杞园。各省入药甘枸杞，皆宁产也”。当时市场上的入药枸杞，已经全部是人工栽培，野生枸杞完全退出了医药市场。

枸杞·清代吴其濬《植物名实图考》，清道光山西太原府署刻本

第八节 艾

灵艾传芳远，仙蓂吐叶新。

软草平莎过雨新，
轻沙走马路无尘。
何时收拾耦耕身？
日暖桑麻光似泼，
风来蒿艾气如薰。
使君元是此中人。

——北宋苏轼

《浣溪沙·软草平莎过雨新》（节选）

艾是百草中最寻常的野草，却是古代医家最常使用的“百草之王”。因其广谱的抗细菌、抗真菌及抑制病毒的能力，又被称为植物“抗生素”。民间有“家有三年艾，郎中不用来”的说法。

艾，菊科蒿属多年生草本植物。艾草落地生根，在我国天南地北都能找到艾的身影。别名蕲艾、祁艾、香艾、大艾叶、五月艾、艾蒿、灸草等。艾蒿和青蒿看似很像，却是同科同属不同种的两种植物，艾蒿植株高于青蒿，叶片也比较宽大，叶背上有白色的绒毛，且气味更浓，挥发油的含量更高。青蒿叶子边缘呈锯齿状，这是它们之间最明显的区别。

求三年之艾

早在西周时期，人们就已经采集艾蒿供王室祭祀之用。《诗经·王风·采葛》载有，“彼采艾兮，一日不见，如三秋兮”，诗人想象他的情人正在采艾，炽烈的相思之情跃然纸上。此为“一日不见，如隔三秋”的成语典故。先秦时期，艾草已经是医病的良药。亚圣孟子曾说：“七年之病，求三年之艾。”意思是说，得了七年的老病，需三年之陈艾方可治愈。《庄子》有“越人熏之艾”的记载。《春秋外传》有“国君好艾，大夫知艾”的记载。艾草在人们生活中占有重要地位，上至国君，下到庶民，已经到了“无艾不欢”的地步。

秦汉以后，艾草入药更多地出现在药典古籍中。东汉“医圣”张仲景的《伤寒论》记载有艾叶入药的“胶艾汤”，是治疗血虚寒滞的妇科良方。南朝陶弘景的《名医别录》最早把艾叶作为药物记载：“艾叶，味苦，微温，无毒。主灸百病，可作煎，止下痢，吐血，下部慝（tè）疮，妇人漏血，利阴气，生肌肉，避风寒，使人有子。”明代李明珍《本草纲目》记载艾叶“通十二经，具回阳、理气血、逐湿寒、止血安胎”，并详细列举了艾对六七十种病症的用法及疗效。清代吴仪洛在《本草从新》中也说：“艾叶能回垂绝之阳，通十二经，走三阴，理气血，还寒温，暖子宫。”中国传统中药学认为艾叶味苦、性温、无毒，归肝经、脾经、肾经，有散寒止痛，温经止血的作用。

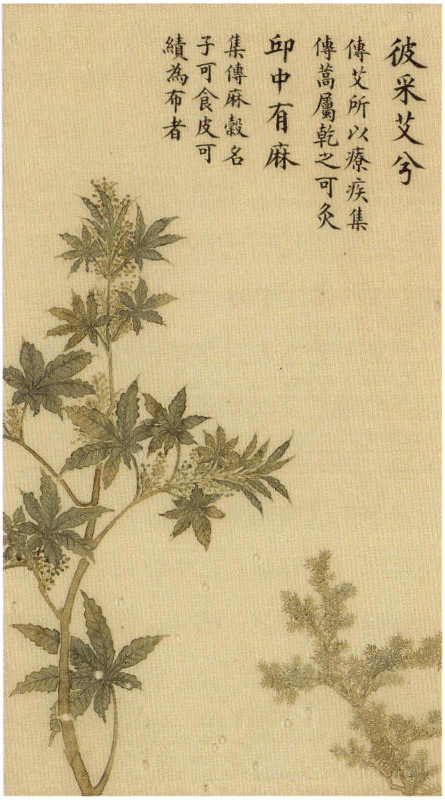

彼采艾兮·日本江户时代橘国雄《毛诗品物图考》

| 台北故宫博物院·藏 |

温通经络 艾灼第一

艾灸是中国传统灸治疗法，借助艾草燃烧时散发出的药力和温热刺激穴位，达到防病治病的目的，深受古代医家的推崇。

《五十二病方》中记有用艾烟熏治皮肤病的记载。魏晋时期，南朝梁宗懔《荆楚岁时记》记载五月初五“鸡未鸣时，采艾似人形者，揽而取之，收以灸病，甚验”，采新鲜艾草灸病效果灵验。唐宋时期，艾灸甚至是官员出差必备之物。唐代药王孙思邈在《千金要方》中记载，“凡入吴蜀地游宦，体上常须两三处灸之，勿令疮暂瘥（cuó），瘴疠温疟毒气不能著人也”，告诫去吴蜀之地做官的人一定要随身配备艾灸。孙思邈本人是艾灸的受益者，常“艾火遍身烧”，以致到了九十三岁，仍“视听不衰，神采甚茂”。唐代诗人韩愈在《谴虐鬼》诗中写道：“医师加百毒，熏灌无停机。灸师施艾炷，酷若烈火围。”医师不停地填料熏蒸、灸师不断的接续艾炷，空气中的烟气和炙烤在皮肤上的火气，犹如熊熊烈火从内到外杀死百毒。想必韩愈本人也经常艾灸，否则也不会描写得那么生动。

宋代医学家窦材甚至认为艾灸是第一保命之法，“人之真元乃一身之主宰，真气壮则人强，真气弱则人病，真气脱则人亡，保命之法，艾灼第一”。宋代药物学家苏颂在《本草图经》中最早提到艾草的产地、品种和品质，他说：“以复道者为佳，云此种灸百病尤胜。”复道（今河南安阳汤阴县）艾称为“北艾”。与“北艾”齐名的是“海艾”，《本草纲目》载“四明者谓之海艾”，“四明”即今浙江宁波。

李时珍本人对艾草也极为推崇，认为“艾叶能灸治百病”，他在《本草纲目》中说“艾灸则通透诸经，而治百种病邪，起沉疴之人为康泰，其功亦大矣”。李时珍是湖北蕲（qí）春人，他与其父都非常推崇蕲艾，认为“自成化以来，则以蕲州者为胜，用充方物，天下重之，谓之蕲艾”“治病灸疾，功非小补”。《本草纲目》中收录了五十二个蕲艾治病的方子。由于人们以蕲艾为道地，遍求“独茎、圆叶、背白、有芒”的艾之精英，并“不吝价买收藏”。有些仕宦还会采买回去，“两京送人，重纸包封，以示珍贵”。清代吴仪洛在《本草从新》中也说，“以之灸疗，能透诸经而除百病”，认为艾灸温通经络、消瘀散结、扶阳固脱，令人起死回生。清代及民国时期，河北安国（今河北安国市）所产的“祁艾”脱颖而出，与北艾、蕲艾、海艾并称“四大名艾”。

宋代李唐《炙艾图》，绢本设色

| 台北故宫博物院 · 藏 |

图中描绘了山乡郎中用艾灸为患者治病的情景。灸艾，也称灼艾，是宋人常用的医疗方法。

断瘟疫 不相染

艾草在传统中医药防疫中的应用历史也十分悠久。东晋葛洪在《肘后备急方》中说："断瘟疫病令不相染，密以艾灸病人床四角，各一壮，佳也。"在艾灸床的四周，以艾叶烟熏消杀环境，阻断传染病的传播，是最早的烟熏隔离防

明州艾·明代文俶《金石昆虫草木状》，明万历时期彩绘本

| 台北图书馆·藏 |

疫法。先秦时期《管子·禁藏》中有“当春三月，萩室熯（hàn）造”的记载，“熯”是用火烧干的意思；“萩”是艾蒿一类的植物。三月阳气生发，易生瘟疫，烧艾草熏蒸居室以禳祓，起到“预防瘟疫”的作用。战国以后，历代医家都继承和发展了这种防疫方法，在艾叶的基础上，增加了苍术、金银花、连翘、黄芩、丁香、硫黄等药物，品种从十一种增加到三十三种，方剂有杀鬼烧药方、熏百鬼恶气方、避瘟丹、神圣避瘟丹、避瘟杀鬼丸等。据研究统计，中国历代古籍文献收录了近百个烟熏方用于杀菌避疫。中国古代在利用中药材熏蒸消毒空气方面积累了丰富的经验和智慧，并被实践证明是行之有效的防疫措施。

现代研究发现：艾叶含有挥发油、黄酮类和鞣质类等化学成分，具有广谱的抗细菌、抗真菌及抑制病毒的能力，为艾叶“辟秽除瘴”提供了科学依据。现代基因学研究也证实，艾蒿的根茎部位基因表达组合物具有明显的抑制新型冠状病毒的作用。已知新型冠状病毒可通过空气中的飞沫或气溶胶传播，艾草中的有效基因表达组合物对新型冠状病毒整体的抑制有很好的效果。

驱毒邪　保平安

“手执艾旗招百福，门悬蒲剑斩千邪。”在中国传统文化中，艾草是驱毒辟邪之物。南朝梁宗懔在《荆楚岁时记》中记载：“五月五日，四民并蹋百草，又有斗百草之戏。采艾以为人，悬门户上，以禳毒气。”农历五月五日端午节，气候湿热，蛇虫出没，疫病高发，古人谓之“恶月”“百毒月”。古民谣有“五月五日午，天师骑艾虎。赤口上青天，百虫归地府”。虎为百兽之王，端午节女人发戴“艾虎”、男人胸佩“艾虎”，以示对邪魔的震慑，驱邪避鬼。为驱毒避邪，人们在鸡还没打鸣时，采人形艾，悬门户以禳毒气。此外，人们还要洗艾草浴、行艾灸治疗，以保健康。五代南唐周文矩的《浴婴仕女图》描绘了宫廷仕女在端午节为孩子们进行艾草药浴的场面。

江南有清明节吃艾草青团的习俗。江南吃青团的风俗源于上古的寒食风俗和祭祖风俗。由于清明节与三月三寒食节的时间相近，两者风俗逐渐合一。到明代，艾草逐渐取代其他青草，成为制作青团的原材料。清代顾禄《清嘉录》记载：“市上卖青团熟藕，为祀祖之品，皆可冷食。”美食家袁枚《随园食单》也有记载：“青糕、青团，捣青草为汁，和粉作粉团，色如碧玉。”现在江苏、浙江、福建等地还保留着清明节吃青团的习俗，谓之“无青团，不春天”。

艾草寻常而普通，却蕴含着神奇的力量，千百年来庇佑着百姓的健康。在日常生活中，人们常用“艾”来称呼人和事，尊称 50 岁以上的人为“艾老”、称年轻的女子为“少艾”、称民生安定为“艾安”，可见艾草在古代社会的重要地位和人们对它的喜爱！

采药草和悬艾人 · 清代徐扬《端阳故事图册》，绢本设色

第九节 芦根

八月寒苇花，秋江浪头白。

蒹葭苍苍，白露为霜。
所谓伊人，在水一方。
溯洄从之，道阻且长。
溯游从之，宛在水中央。

——先秦《诗经·国风·秦风·蒹葭》（节选）

《诗经·国风·秦风·蒹葭》是两千五百多年前来自秦地（今陕西关中到甘肃东南一带）的一首情歌，全诗借“蒹葭（jiān jiā）”起兴，抒发对爱人的思念。这首古诗后被编为《在水一方》而风靡大江南北。诗中“蒹葭”，蒹是没长穗的芦苇；葭是初生的芦苇，都是我们日常生活中最常见的水生植物芦苇。而芦苇的根却是一味历史悠久的本草中药“芦根”。

芦根，禾本科芦苇属多年生植物芦苇的根茎，芦苇生长在有水源的池沼、河岸、溪边等，生命力旺盛，易形成连片的芦苇群落。芦根，别称芦茅根、苇根、芦头、芦柴根、顺江龙等。

清热生津止渴

芦根始载于南朝医学家陶弘景的《名医别录》，“味甘，寒，主治消渴、客热，止小便利”。李时珍《本草纲目》记载：“清热生津，除烦止渴，止呕、泻胃火，利二便。”唐代《新修本草》详细记载了芦根的生长特点和采用方法:“生下湿地，茎叶似竹，花若荻花。二月、八月采根，日干用之。”南北朝刘宋《雷公炮炙论》是中国古代药物加工制作的专著，其中详载了芦根的加工方法:“采得后，去节须并上赤黄了，细锉用。现行取原药材，除去杂质及须根，洗净、稍润、切段、干燥。贮干燥容器内，置通风干燥处，防霉，防蛀。鲜芦根埋入湿沙中，防干。”

芦苇一身都是药，芦茎、芦笋、芦叶、芦花也可入药。苇茎入药始载于唐高宗时国家药典《唐本草》。苇叶是中药“芦箬”，清代医家黄元御在《玉楸药解》中说芦箬有“清肺止呕，……治背疽肺痈”的功效。过去，江南人家常用苇叶包粽子。芦苇的花不仅美丽，也有很多药效，“水煮浓汁服，主霍乱”。

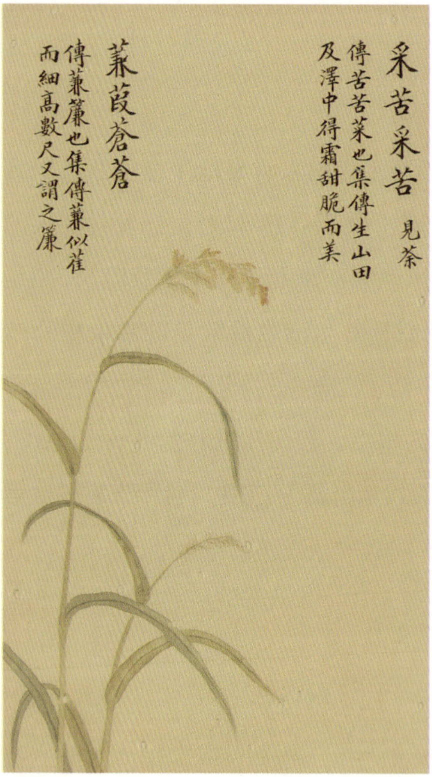

蒹葭苍苍·日本江户时代橘国雄《毛诗品物图考》

| 台北故宫博物院·藏 |

古代有十四种药籍上都记载有苇茎、芦根的药用方剂。唐代孙思邈的《千金要方》中有以芦茎配薏苡、冬瓜仁、桃仁等制成著名的“千金苇茎汤”，主要用于治疗肺痈，具有清肺化痰、逐瘀排脓的功效，现在已远销海外。北宋官修方书《太平圣惠方》记载的“芦根饮子”。清代吴瑭《温病条辨》记载的“五汁饮”，以芦根鲜汁“配麦冬汁、梨汁、荸荠汁、藕汁”，可治热病伤津，烦热口渴者。《温病条辨》还记有“桑菊饮”，方诀是:“桑菊饮用桔杏翘，芦根甘草薄荷饶，清疏肺卫轻宣剂，风温咳嗽服之消。”炎热的夏季，煮一杯“五汁饮”或“桑菊饮”，都是很好的清火、解热饮料。

现代药理研究证实：芦苇含有木聚糖等多种具免疫活性的多聚糖类化合物，并含有多聚醇、甜菜碱、薏苡素、游离脯氨酸、天门冬酰胺及黄酮类化合物苜蓿素等，具有解热、镇静、镇痛、降血压、降血糖、抗氧化及雌性激素样作用，对 β–溶血链球菌有抑制作用，所含薏苡素对骨骼肌有抑制作用，苜蓿素对肠管有松弛作用。

荻笋肥甘胜牛乳

芦苇不仅可药用，还是古代美馐。早春季节芦荻新生的嫩芽，形如竹笋。唐代诗人白居易《和徽之春日投简阳明洞天五十韵》中的“紫笋折新芦”是采芦笋作蔬的意思。唐代韩鄂《四时纂要》记载好几种汤药是忌食芦笋的，说明当时采食芦笋的现象已较普遍。南宋以来，江南人食用芦笋、荻芽成为一种时尚。宋人张耒记载，时人用蒌蒿、荻芽、菘菜三物烹煮河豚，可以避免中毒。王安石在《后元丰行》中说，“鲥鱼出网蔽洲渚，荻笋肥甘胜牛乳”，盛赞荻笋美味。

芦笋、芦根也是古代荒年重要的救荒本草。南朝宋王韶之《晋安帝纪》记载东晋义熙年间司马尚军中缺粮，“战士多饥，悉未付食”，只得采食芦笋充饥。南宋建炎四年，金兵南下围楚州（今江苏淮安），被困的百姓只有“凫茈（荸荠）、芦根，男女无贵贱，斫掘之”。明代朱橚（sù）《救荒本草》、俞汝为《荒政要览》都有芦根救荒的记载。

芦苇还是古代盖房、编制芦席、造纸、制笛的重要原材料。《诗经·国风·豳风·七月》中“七月流火，八月萑（huán）苇”，是说七月大火星向西落，八月要把芦苇割。《左传·昭公二十年》记中晏子说，“泽之萑蒲，舟鲛守之；薮之薪蒸，虞候守之”，是说湖泊沼泽中的芦苇等薪材由国家派人掌管。毛茸茸的芦花还是古代贫民用来絮衣、缝被的防寒保暖材料。《孝子传》记载：孔子的弟子闵子骞“幼时为后母所苦，冬月以芦花衣之，以代絮”。芦苇还是畜牧养殖业的重要青饲料，具有重要的经济价值。元代《王祯农书》中说“苇荻虽微物”“可以供国利民”，芦苇现在仍是传统造纸工业原料。

唐宋时期，文人庭院中已经栽培芦苇，唐代诗人姚合就有《种苇》诗。清代戏曲作家李斗在《扬州画舫录·城西录》中记载“柳荷千顷，萑苇生之”，描绘了扬州园林中芦苇在荷田中摇曳生姿。唐代诗人白居易的“浔阳江头夜送客，枫叶荻花秋瑟瑟。主人下马客在船，举酒欲饮无管弦”；宋代诗人戴复古的“江头落日照平沙，潮退渔船阁岸斜。白鸟一双临水立，见人惊起入芦花”，秋风乍起，漫天飞舞的芦花，常引起诗人无限的愁绪和感怀。

芦苇有极强的湿地植物群落生长优势，不仅可净化水质，调节生态，涵养水源，也为鸟类提供栖息、觅食、繁殖的家园，形成良好的湿地生态环境。黄河口飞雁滩仍保留着原生湿地生态系统，每到深秋季节，十万亩葳葳蕤蕤的芦苇荡，顿时化作“芦花飞雪”的银白世界，与栖息地生存的鹤、天鹅、鸥、鹬等上百种野生珍奇鸟类，构成了湿地生态景观。

蒲笋和芦·日本江户时代毛利梅园《梅园百花画谱》

| 日本国立国会图书馆·藏 |

第十节 青蒿

春田有馀暇，馈我杞与蒿。

呦呦鹿鸣，食野之蒿。
我有嘉宾，德音孔昭。
视民不恌，君子是则是效。
我有旨酒，嘉宾式燕以敖。
——先秦《诗经·小雅·鹿鸣》

一群野鹿在原野上悠闲地吃着野草蒿，不时发出“呦呦”的鸣叫声；周王的宴席上鼓瑟琴鸣，宾主和乐齐尽兴。先秦《诗经·小雅·鹿鸣》通过时空的自然转换，将动物、植物、人在不同时空下和谐相处的祥和画面自然展现。

鹿食用的“草蒿”，菊科蒿属一二年生草本植物。蒿属是菊科最大的种属之一，全球大约有三百种蒿属植物，主要分布于亚洲、欧洲和北美洲的温带、寒温带和亚热带地区。中国有一百八十六种，四十四变种，主要分布在西北、华北、东北及西南各地。草蒿全株有强烈气味，别名菣（qìn）、廪蒿、邪蒿、青蒿、蒌蒿、方溃、香蒿、苦蒿等。

青蒿治鬼疰伏尸

在世界早期历史中，疟疾是人类死亡的大敌，它的猖獗曾加速了罗马帝国的衰亡。苏美尔人认为疟疾是由瘟疫之神涅伽尔带来的，古印度人则将这种传染性和致死率极高的病称作“疾病之王”。人们对这种传染疾病束手无策，甚至认为是神降于人类的灾难。

在中国历代史书中，对疟疾造成的人员死亡多有记载。汉武帝征伐闽越时，“瘴疠多作，兵未血刃而病死者十二三”。东汉马援率八千汉军南征交趾时，“军吏经瘴疫死者十四五”。唐玄宗时，因瘴气而南征失利，死去“什七八”，全军皆没。宋代陈言编撰的《三因极一病证方论》记载：“一岁之间，长幼相若，或染时行，变成寒热，名曰疫疟。”疟，中国古人称之为“酷虐”。卜辞龟甲中“疟”，似老虎张着大口朝人扑来。对于疟疾到底是怎么引起的，古代医家还有一种观点，认为是“瘴气”致病，故也称疟疾为“瘴病”。民间俗称“打摆子”。

早在先秦时期，我们的祖先就探寻对付疟疾的方法。中国最早的医学典籍《黄帝内经·素问》将“疟”类疾病，分为风疟、温疟、寒疟等十多种。距今两千多年的西汉马王堆汉墓出土的医学帛书《五十二病方》最早记载了青蒿具有清虚热、截疟的作用。东汉《神农本草经》将草蒿列为下品药，谓“草蒿，味苦寒，主疥瘙，痂痒，恶疮，杀虱，留热在骨节间，明目”。同时指出：“草蒿，别名青蒿、方溃，生于川泽。”东晋医药学家葛洪的《肘后备急方》总结出治疗疟疾的四十三种方子，其中即有“青蒿方”。北宋药物学家苏颂在《本草图经》中说：“青蒿治骨蒸热劳为最，古方单用之。”元代有“截疟青蒿丸”，明代有“青蒿散”。李时珍在《本草纲目》中也说：“青蒿得春木少阳之气最早，故所主之证，皆少阳、厥阴血分之病也。……青蒿之治鬼疰伏尸，盖亦有所伏也。”中国历代诸多医书典籍中都记载了疟疾和治疗疟疾的本草青蒿方剂。

绽放世界舞台

疟疾是人类最古老的疾病之一，迄今依然还是一个全球广泛关注且亟待解决的重要公共卫生问题。据世界卫生组织统计，每两分钟就有一人死于疟疾。

食野之蒿

傳蒿菣也集傳即青蒿也○按蒿之為青蒿舊説不可改或辨為統名反泛矣

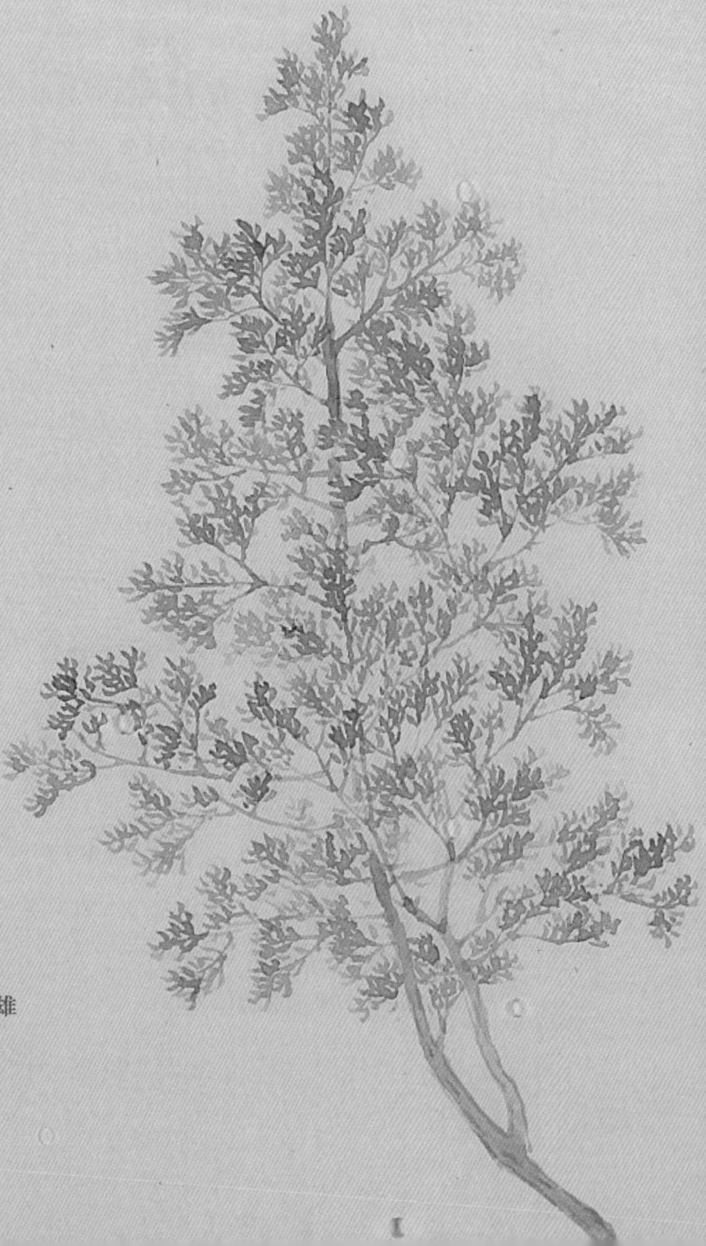

食野之蒿 · 日本江户时代橘国雄《毛诗品物图考》

| 台北故宫博物院 · 藏 |

19 世纪，法国化学家从金鸡纳树皮中分离出有效的抗疟成分奎宁；“二战”期间，科学家又发明了奎宁衍生物——氯喹，并成为治疗疟疾的特效药。但到 20 世纪 60 年代，疟原虫对氯喹产生了耐药性，疟疾再次在东南亚爆发。在越南战争中，疟疾严重影响了美越双方部队的战斗力。为此，美国投入大量人力物力研究新型的抗疟药物，筛选了 21.4 万种化合物，但都无果而终。

20 世纪 70 年代，中国中医科学院屠呦呦及其研究团队深入挖掘中医药宝藏精华，最后从一千七百多年前东晋医药学家葛洪的《肘后备急方·治寒热诸疟方》记载的“青蒿一握，以水二升渍，绞取汁，尽服之”受到启发，经过数百次的科学实验，总结出温度是提取抗疟中草药有效成分的关键！据此，她改用低沸点溶剂，最终从中国传统本草黄花蒿中分离提取出了抗疟原虫成分的“青蒿素”，研究显示对鼠疟原虫有百分之百的抑制率。青蒿虽然很早就被用于治疗疟疾，但还是屠呦呦发现“青蒿素”后，才被充分利用并得到世界公认。原本只是一株平凡的野草，在人类的认识进步之后，青蒿重新焕发光彩。古代本草医籍是中华民族宝贵的财富，还有待于我们利用现代技术更好地挖掘和利用。

《五十二病方》帛书·西汉马王堆汉墓出土

| 湖南省博物院·藏 |

2000 年，世界卫生组织将青蒿素类药物作为首选抗疟药物在全球推广。世界卫生组织《疟疾实况报道》中说：据统计，2000—2015 年，全球各年龄组危险人群中疟疾死亡率下降了 60%，五岁以下儿童死亡率下降了 65%，挽救了全球数百万人的生命。青蒿素在生命科学领域创造出奇迹，被称作“中国神药”。中医为全球疟疾防治和全球卫生治理贡献了“中国处方”。

屠呦呦因创制新型抗疟药“青蒿素”

而荣获 2015 年诺贝尔生理学或医学奖。为此，有人说《诗经·小雅·鹿鸣》早在两千多年前就预知了，屠呦呦会通过本草青蒿给世界人民带来奇迹。

青蒿黄花蒿 谁之名

由于传统医学和早期植物分类学者没有相关知识工具，所以在很多时候无法对某些植物给出准确的分类和命名，以至于从北宋寇宗奭的《本草衍义》、沈括的《梦溪笔谈》，到明代李时珍的《本草纲目》都认为青蒿（草蒿）有两种：一种是青蒿，另一种是黄花蒿。《本草纲目》还特别将草蒿分列“青蒿”“黄花蒿”两个条目，指出它们是两种性味、主治内容完全不同的本草。清代吴其濬的《植物名实图考》也沿袭了李时珍的错误分类，这样更加深了人们的认识误区，这也为后世的命名混乱埋下了伏笔。

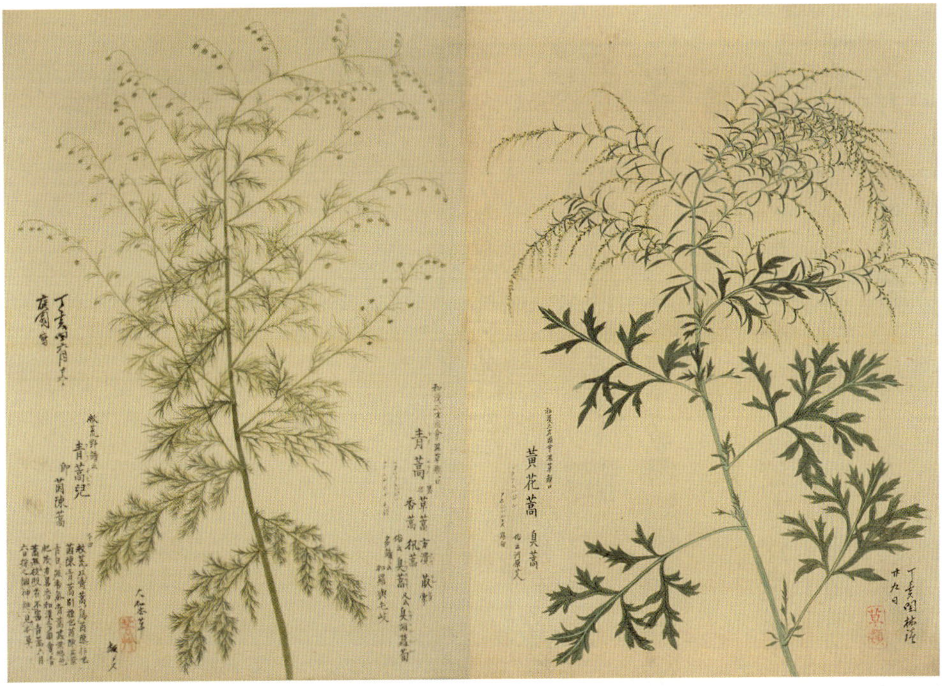

青蒿和黄花蒿·日本江户时代毛利梅园《梅园百花画谱》

| 日本国立国会图书馆·藏 |

关于黄花蒿和青蒿的名实问题，植物学界和药学界相关学者都做过考证。屠呦呦本人发文认为古本草书中记载的青蒿学名为“Artemisia annua”。菊科分类学专家林有润结合标本、分类学文献记载，以及野外调查，对古本草书中所记载的各种艾蒿类植物做了考证，认为《本草纲目》和《植物名实图考》中的“青蒿”和“黄花蒿”实际上是同一种植物。通过考证本草文献中记载的这两种药材的分布、花期、气味等关键特征，可以确定中药里的“青蒿”和“黄花蒿”都是“Artemisia annua”，也就是植物学上的黄花蒿。至于宋人本草书中记载的“青色与深青色两种”“一种黄色，一种青色”，还是《本草纲目》中记载的“色绿带淡黄”，其实它们不过是同种植物在不同生态环境中所产生的变异罢了。

由此得出结论：提取青蒿素的原植物，在植物学上叫“黄花蒿”，在本草古籍中叫“青蒿”。这完全印证了古代医籍中对本草功用的记载。

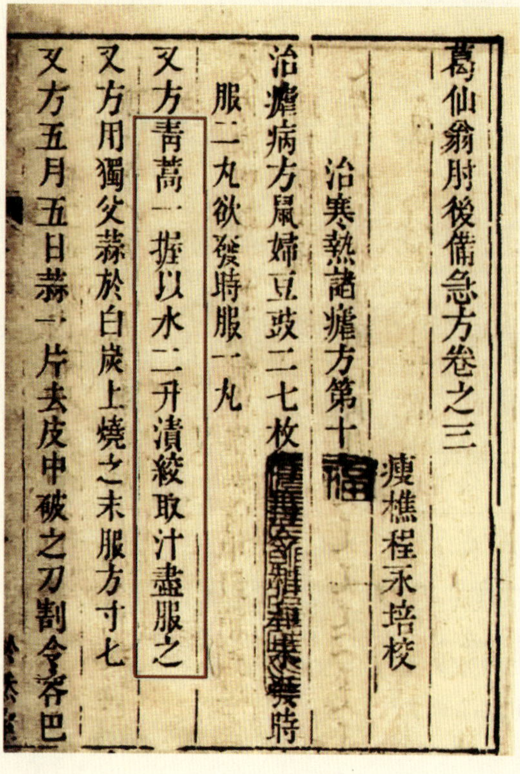
葛仙翁肘後備急方卷之三
瘦樵程永培校
治寒熱諸瘧方第十
治瘧病方鼠婦豆豉二七枚[illegible]時
服二丸欲發時服一丸
又方青蒿一握以水二升漬絞取汁盡服之
又方用獨父蒜於白炭上燒之末服方寸匕
又方五月五日蒜一片去皮中破之刀割令容巴

东晋葛洪《肘后备急方》

第五章 园林植艺

彩缀隋园，鹿游唐苑，哀乐无凭祷。
此音谁寄，凭阑犹把琴抱。

——宋代陈德武《百字谣·念奴娇》（节选）

『自然』是中国古典园林的造园原则和审美标准。孔子曰：『智者乐水，仁者乐山。』自然的山、水、花卉草木与人工的宫、廊、楼、阁等建筑巧妙地融为一体，达到『天人合一』的意境。《诗经·大雅·灵台》描述了周文王的灵囿，『麀鹿攸伏，麀鹿濯濯，白鸟鹤鹤。王在灵沼，于牣鱼跃』，为中国园林掇山理水的雏形。秦汉时期，移植大量花草果木，宫殿与苑囿相结合，开创宫苑园林的先例。唐宋时期，大批文人、画家参与造园，寄山水为情，造园艺术从自然山水趋向写意山水的意境。明清时期，造园艺术呈现北大南小的艺术风格。与宏大庄重的北方皇家园林相比，江南私家园林规模较小，但以小见大，借助自然山水表达造园者的情趣志向。中国山水园林形式，在世界园林发展史上独树一帜。

第一节 上林苑

绘画之道，构园之理。

落水随鱼戏，摇风映鸟吟。
琼楼出高艳，玉辇驻浓阴。
乱蝶枝开影，繁蜂蕊上音。
鲜芳盈禁籞，布泽荷天心。
——唐代侯冽《花发上林》

构建一座园林，如同在一张白纸上绘画，构园之始的构思和意境最为重要，起着提纲挈领的作用。“自然”是中国古典园林的最高原则和审美标准，山、水、丰富的植物，与恢宏的古典宫、廊、楼、阁等建筑，达到天人合一的“自然”意境。

两汉时期，苑囿的游赏功能被逐渐强化，在造园中更为突出“体象天地”“天人之际”的思想。上林苑是汉武帝建元三年（公元前 138 年），在秦代的一个旧苑址上扩建而成的一座宏大的皇家宫苑。

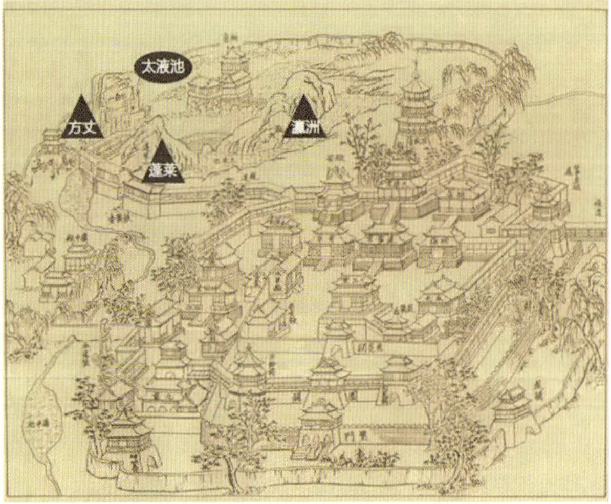

上林苑遗址分布示意图

离宫七十所

据载，上林苑周长二百余里，地跨五县，东起蓝田、宜春、鼎湖、御宿、昆吾，沿终南山而西，至长杨、五柞，北绕黄山，濒渭水而东折，其地广达三百余里，可以容纳千乘万骑。苑中冈峦起伏笼众崔巍，深林巨木崭岩参差，更有灵昆、积草、牛首、荆池，以及东、西陂池等诸多天然和人工开凿的池沼，自然地貌极富变化，更有离宫七十所，恢宏而壮丽。

苑中包罗了渭、泾、沣、涝、潏（yù）、滈（hào）、浐（chǎn）、灞八条河流，就是后人所说的“八水绕长安”。灞、浐二水自始至终不出上林苑；泾、渭二水从苑外流入，又从苑内流出；沣、滈、涝、潏四水迂回曲折，周旋于苑中。上林苑中还有人工开凿的昆明池、滈池、祀池、麋池、牛首池、蒯（kuǎi）

池、积草池、东陂池、当路池、太液池、郎池等许多池沼，八水和池沼为苑中植被提供了丰富的水源和生态涵养。

苑中建造风格各异的大型宫殿，《汉书》记载苑内有“离宫七十所”，《关中记》记载为“三十六苑、三十五观、十二宫”。建章宫是其中规模最大的宫城，有“千门万户”之称。据史书记载：“前殿度高未央。其东则凤阙，高二十余丈。”上林苑开创了“园中园”的手法，形成了苑中有苑、苑中有宫、苑中有观的格调。

宫内挖太液池，池中堆造三山，以象征“蓬莱”“方丈”“瀛洲”三座海上仙山。“其北治大池，渐台高二十余丈，名曰太液池，中有蓬莱、方丈、瀛洲、壶梁，象海中神山、龟鱼之属”。池边有渐台，三岛浸在大海般的悠悠烟水上，水光山色，相映成趣。这种“一池三山”的形式，成为后世宫苑中池山之筑的范例。

堪称世界之最

太液池内“皆是雕胡（茭白之结实者）、紫萚（葭芦）、绿节（茭白）之类。……其间凫雏雁子，布满充积，又多紫龟绿鳖。池边多平沙，沙上鹈鹕、鹧鸪、鵁青、鸿猊，动辄成群”，池畔有石雕装饰，遍布水生植物，岸上群鸟成群，生意盎然。

由于苑内山水咸备、林木繁茂，其间孕育了无数各类禽兽鱼鳖，形成了理想的狩猎场所。据《汉书·旧仪》载：“苑中养百兽，天子春秋射猎苑中，取兽无数。其中离宫七十所，容千骑万乘。”司马相如在《上林赋》中描绘了上林苑的美丽景色和汉武帝出猎的宏大场面，“终始灞浐、出入泾渭。酆（沣）镐（潏）

潦（涝）潏，纡馀委蛇，经营乎其内。荡荡乎八川，分流相背而异态。东西南北，驰骛往来”。2021 年，考古工作者在位于陕西西安汉文帝霸陵和南陵周围的很多小型殉葬坑中发现了大量的珍禽异兽骨骼，宛若文帝时期皇家苑囿的地下动物园。经初步形态对比、数据测量和部分兽类古 DNA 鉴定，确认有丹顶鹤、绿孔雀、褐马鸡、陆龟、金丝猴、虎、马来貘、鬣羚、印度野牛、牦牛、羚牛等四十余种动物骨骸。该项考古发现被评为 2023 年度世界十大考古发现之一。

上林苑还从各地移植来各种奇花异卉珍木，计有三千余种。司马相如在《上林赋》中描写道：“于是乎卢橘夏熟，黄甘橙楱，枇杷橪柿，亭柰厚朴，梬枣杨梅、樱桃蒲陶。”《西京杂记》记载更详：“梨十、枣七、栗四、桃十、李十五、奈三、查三、棠四、梅七、杏二、桐三、林擒十株、枇杷十株、橙十株、安石榴十株、柠十株、白银树十株、万年长生树十株、扶老木十株、守宫槐十株、金明树二十株、摇风树十株、鸣风树十、琉璃树七、池离树十、离娄树十、白榆、掏杜、构桂、蜀漆树十株、楠四株、枞七株、栝十株、楔四株、枫四株。”从上述记载中，可见上林苑果木茂盛，其树木种类之多，在当时堪称世界之最。这些奇果异木有的可食用，有的可造景观赏。为了保证南来的移植草木在苑内的成活，还建造专门的宫室以保温御寒，扶荔宫就是专为南方亚热带移植来的荔枝、枇杷等植物建造的植物园。葡萄宫是专为从西域引种的葡萄而建。这座皇家植物园，南北植物皆有，园内林木繁茂、水草蔓被、芳草四野，营造出亚热带的自然风光。

明代仇英《汉宫春晓图》全卷，绢本设色

| 台北故宫博物院・藏 |

华丽的宫阙、葱茏的林木、嶙峋的奇石，铺陈出汉宫苑宛如仙境般的景象。再现了春日晨曦中嫔妃们琴棋书画、莳花等休闲活动。

第二节 西苑

巧于因借，精在体宜。

内苑秋清宿露晞，盈盈日采动金扉。
松间翠殿团华盖，天外银桥入紫微。
锦缆稀游青雀暗，琼波无际白鸥飞。
彤墙高柳无人折，时见中官一骑归。
——明代文徵明《秋日再经西苑》

“巧于因借，精在体宜”是中国传统的造园原则和手段。“因”者，可凭借造园之园；“借”者，籍也。景色不限内外，中国古代最早的一部造园专著《园冶》说，所谓“晴峦耸秀，绀宇凌空；极目所至，俗则屏之，嘉则收之，不分町疃，尽为烟景，斯所谓‘巧而得体’者也”。

隋唐两代，洛阳林苑、宫苑、郊园及私家园林的发展达到了空前的规模和水平。西苑是隋唐时期著名的皇家园林，是隋炀帝创建的禁苑，因地处洛阳宫城之西而得名。西苑隋名“会通苑”，唐高祖武德初年改称“芳华苑”，武则天时又改为“神都苑”，亦有文人称之为“上苑”。

开水景园先河

隋大业元年（605 年），炀帝携群臣登邙山远眺而发感慨：“洛阳依山傍水，藏风聚气，龙门应天阙，洛河像河汉，皇居之地，舍此其谁？”于是下诏命尚书令杨素、将作大匠宇文恺营建东都洛阳。同年五月，宇文恺又奉命建设皇家园林西苑。西苑位于洛阳宫城以西，据史料记载，“隋帝辟地二百为西苑”，隋西苑“周长二百九十里一百三十八步”。专家据此推断，西苑的范围大致北起邙山，南至龙门，西至新安、宜阳境内，面积约四百平方千米，是世界历史上规模最大的皇家园林。

隋西苑的布局，继承了汉代“一池三山”的造园格局。据司马光《资治通鉴》记载，西苑“周二百里，其内为海，周十余里，为方丈、蓬莱、瀛洲诸山，高出水百余尺，台观殿阁，罗络山上，向背如神。北有龙鳞渠，萦纡注海内”。《资治通鉴》记载“其内为海”的“海”，是西苑人工开凿的最大水域“北海”，海深数丈，方圆十余里，规模庞大，湖中建有方丈、蓬莱、瀛洲三山。

海北面的水渠弯绕曲折注入海中，沿着水渠建延光院、明彩院、合香院、

唐代李思训《御苑采莲图》卷

| 故宫博物院·藏 |

承华院、凝晖院、丽景院、飞英院、流芳院、耀仪院、结绮院等十六座庭院，分布在山水环绕的园林之中，成为苑中之园。每院皆临渠开门，在渠上架飞桥相通。各庭院都栽植杨柳修竹，名花异草。院内还有亭子、鱼池，以及饲养家畜、种植瓜果蔬菜的园圃。西苑中建有冷泉宫、青城宫、凌波宫、积翠宫、显仁宫等离宫，宫殿被葱郁的山林环绕，呈现“草木鸟兽繁息茂盛，桃蹊李径翠阴交合，金猿青鹿动辄成群”的盛况。

另外开凿五湖：翠光湖、迎阳湖、金光湖、洁水湖、广明湖。五湖的形式源于北齐的仙都苑，象征帝国版图。湖中垒土石为山，建亭殿环绕，极尽人间华丽。宫女嫔妃或泛轻舟画舸，作采菱之歌；或登飞桥阁道，奏游春之曲。西苑以河、湖、山为骨架布置园景，呈现出水光潋滟、湖光山色的美景。

得烟云而秀美

隋炀帝兴建西苑时召天下贡花木鸟兽鱼虫，六年后“草木鸟兽繁息茂盛，桃蹊李径翠荫交合，金猿青鹿动辄成群”。这些动物既可观赏，又可食用，还能满足皇室狩猎的需求，可供天子秋猎。园林之盛，离不开花木。洛阳牡丹的人工栽培，就是从西苑开始的。隋炀帝喜好奇花、奇石，“诏天下进花卉”“采海内奇禽异兽草木之类，以实园苑”，派人将各地收集到的牡丹品种种植在西苑中，供其欣赏。为便于炀帝和嫔妃们观花，特修望花楼一座，名曰“玉凤楼”。楼高三丈三，长七百余丈，青石结构，雕梁画栋，登临此楼，可观全景。隋炀帝引牡丹入西苑，从此，洛阳牡丹甲天下。西苑内青松翠柏、名卉芳草、珍木奇葩不可胜数，唐诗中有“春游上林苑，花满洛阳城”“辇路生秋草，上林花满枝”之句。皇家园林中所种植树木除应时观赏外，还兼具用材和经济作用。禁苑还是供应宫廷果蔬禽鱼的生产基地。

隋炀帝在营造东都之时，着力发展了引水工程，隋唐大运河通济渠的开凿，就是从西苑开始的。《隋书》记载：“发河南诸郡男女百余万，开通济渠，自西苑引穀（谷）、洛水达于河，自板渚引河通于淮。”在西苑交汇的穀水、洛水，是通济渠的源头。昔日的大运河逶迤千里，是唐宋五百多年间南北交通的大动脉。唐代著名诗人白居易在《隋堤柳》中感叹道：“西自黄河东至淮，绿阴一千三百里。大业末年春暮月，柳色如烟絮如雪。”利用洛阳优越的水利条件和运河工程，使水体从单纯的欣赏景观变成连接园林各要素的重要手段，开创了皇家园林的山水相间式布局。

宋代画家郭熙有云：“山以水为血脉，以草木为毛发，以烟云为神采，故山得水而活，得草木而华，得烟云而秀媚。”园林得益于鲜活的山、水、湖、林、草而生动。丰茂的植物群落、丰富的河流水系起着涵养生态的作用、发挥景观的生态功能。中国古代信仰风水，皇家园林格外讲究择向、择址，因为这关乎着皇家根基永固。

第三节 辋川

终南之秀钟蓝田，茁其英者为辋川。

不到东山向一年，归来才及种春田。
雨中草色绿堪染，水上桃花红欲然。
优娄比丘经论学，伛偻丈人乡里贤。
披衣倒屣且相见，相欢语笑衡门前。
——唐代王维《辋川别业》

老子说：“人法地，地法天，天法道，道法自然。”自然始终是园林设计的源泉。通过相地，取得适宜的构园地址。随势生机和随机应变是进行造园合理布局的前提和基础。因地制宜本质上就是追求自然与人工的统一，同时也是打造“精而合宜、巧而得体”的园林景观的重要基础。

田园园林

唐代迎来园林景观的全盛期，诗词和山水画有了很大发展，园林方面也开始体现山水之情的创作，辋川就是唐代园林的典型代表。武则天长安元年（701 年），两位享誉后世的唐代大诗人李白和王维同年出生了，他们的生命线与盛唐时期几乎吻合，但繁华之下，同处一朝，二人的命运并不相同。王维来自家世显赫的博陵崔氏，九岁时父亲去世，家道中落。经历了官场浮沉，晚年的王维隐居在辋川（今陕西蓝田境内），寄情山水，在这里画下了传世巨作《辋川图》。

辋川位于陕西蓝田县南十余里，辋川在历史上不仅为“秦楚之要冲，三辅之屏障”，这里青山逶迤，峰峦叠嶂，奇花野藤遍布幽谷，瀑布溪流随处可见。因辋河水流潺湲，波纹旋转如辋，故名辋川。隐居于此的王维，依据辋川的山水形势，相地造园，植花木、堆奇石、筑造亭台阁榭，建起了孟城坳、华子冈、文杏馆、斤竹岭、鹿柴、木兰柴、茱萸沜、宫槐陌、临湖亭、欹湖、竹里馆、辛夷坞、漆园、椒园、柳浪等二十处园林景观，以大量木本植物造景。《新唐书》对此有记载：“地奇胜，有华子冈、欹湖、竹里馆、柳浪、茱萸沜、辛夷坞，与裴迪游其中，赋诗相酬为乐。”

王维为辋川二十景写下了四十首山水诗，取名《辋川集》。植物花卉成为诗歌咏颂的主题，其中《茱萸沜》描绘了辋川满山成熟的红茱萸，“结实红且绿，复如花更开”。再与好友一起共饮茱萸酒，“山中傥留客，置此芙蓉杯”。辋川多茱萸，这也难怪王维会有感而发地写下“遥知兄弟登高处，遍插茱萸少一人”的诗句。辋川竹林深处还有一幢竹里馆，王维写下了：“独坐幽篁里，弹琴复长啸。深林人不知，明月来相照。”“幽篁”是幽深又茂密的竹林，王维将自己置于竹林深处，体现了他避世脱俗的思想。《辛夷坞》曰：“木末芙蓉花，山中发红萼。涧户寂无人，纷纷开且落。”诗中的芙蓉花是一种比喻，因为芙蓉花和辛夷花型、花色相近。辛夷花在山中绽放鲜红的花萼，红白相间，十分绚丽，涧口一片寂静杳无人迹，纷纷独自绽放，开了又落。《椒园》有“桂尊

明代仇英《独乐园图卷》

| 克利夫兰艺术博物馆·藏 |

迎帝子，杜若赠佳人。椒浆奠瑶席，欲下云中君”，是说连云中的神仙也想尝一尝辛香的椒酒。

亭台楼榭掩映于辋川的群山绿水之中，显得古朴端庄。别墅外，山下云水流肆，偶有舟楫过往。文人雅士儒冠羽衣，弈棋饮酒、投壶流觞，意态萧然。王维常陶醉于山壑林泉之间，同孟浩然、裴迪、钱起等诗友良朋“模山范水”“练赋敲诗”“泛舟往来”“鼓琴唱合”，其中《山居秋暝》写道：“空山新雨后，天气晚来秋。明月松间照，清泉石上流。竹喧归浣女，莲动下渔舟。随意春芳歇，王孙自可留。”辋川是文人士大夫精神生活所向往的“神境”，“终南之秀钟蓝田，茁其英者为辋川”，其田园园林形式也深深影响了后世的文人园林。

山水园林

北宋时期，稳定的政治、繁荣的经济、丰富的文化及适宜的地理位置，使其都城东京（今河南开封）具备了园林兴起的土壤。皇家园林艮岳是历史上规模最大、结构最巧妙、以石为主的写意山水园林的典范。园内山峦起伏，众山环列，东有艮岳，南有寿山，西有万松岭。山峡之间有池水与瀑布，假山来自具有“皱、透、瘦、漏”四大特色的太湖石，园内建有药寮、田圃、栈道、介亭、

画卷内容根据司马光《独乐园记》的立意，依次描绘了弄水轩、读书堂、钓鱼庵、种竹斋、采药圃、浇花亭、见山堂等景致。

书馆和八仙馆等建筑，梅兰竹菊体现脱俗与孤芳自赏的雅趣。除了皇家园林，当时的东京内外园林星罗棋布，遍植奇花异草，堤柳塘荷，有金明池、琼林苑、玉津园、瑞圣苑、宜春苑等官私园林一百多处，是名副其实的园林城市。《东京梦华录》记载："大抵都城左近，皆是园圃，百里之内，并无阒（qù）地。"

随着城市人口的增加和经济的繁荣，城市私人园林数量和规模都有了更大发展。除了东京、临安百万人口以上的大都市，还有建康、广陵（今江苏扬州）、成都、潭州（今湖南长沙）等10万～50万人口的中等城市，城市私人园林蓬勃发展。经济发达地区小城市中的私人园林也极负盛名，如周密《吴兴园圃》中云："吴兴（今浙江湖州）山水清远，升平日，士大夫多居之……多园池之胜。"书中记载私人园林多达三十五处，皆其亲身游历者。

《园冶》特别强调"借景"为"园林之最者"。"借者，园虽别内外，得景则无拘远近"，它的原则是"极目所至，俗则屏之，嘉则收之"，方法是布置适当的眺望点，使视线越出园垣，使园之景尽收眼底。如遇晴山耸翠的秀丽景色，古寺凌空的胜景，绿意盎然的田野，都可通过借景的手法收入园中，为我所用。造园者巧妙地因势布局，随机因借，就能做到得体合宜。

第四节 留园

柳暗百花明，春深五凤城。

植而为竹木花卉，则籜者日新，萌者日欣，生生者日殷，其东园子之福德日升而渐长者乎！潜而为鱼，飞而为鸟，或跃或翔，动静无常，泼泼洋洋，其东园子之各适其性，日与之相忘以游于真常者乎！

——明代湛若水《东园记》

在造园时，利用壁影、假山、水景等作为入口障景；利用树丛作为隔景，创造地形变化来组织空间的渐进发展；利用道路系统的曲折前行，园林景物的依次出现；利用虚实院墙的隔而不断；利用园中园、景中景的多种形式，都可以创造引人入胜的效果。从而达到延长路径，增加空间层次，给人们带来柳暗花明、身临其境的无穷乐趣。

留园是苏州古典园林的典型代表，明万历二十一年（1593 年）始建，为太仆寺少卿徐泰时的私家园林，时人称“东园”。原是明代开国重臣中山王徐达的赐园“太府园”，后来其五世孙徐泰时加以修葺扩建，辟作别墅，更名“东园”。园内峰嶂相叠，川泽相通，灵岩怪石环列前后，奇花异草郁郁葱葱，亭台楼阁错落有致，整座园林秀美无比、蔚然大观，“为金陵池馆胜处”。

金陵胜处

留园中部是原来寒碧山庄的基址，中辟广池，西、北为山，东、南为建

清代袁江《东园胜概图》卷，绢本设色

| 上海博物馆 · 藏 |

筑。假山以土为主，叠以黄石，气势浑厚。山上古木参天，显出一派山林森郁的气氛。山曲之间水涧蜿蜒，仿佛池水之源。池南涵碧山房、明瑟楼是留园的主体建筑，楼阁如前舱，敞厅如中舱，形如画舫。楼阁东侧有绿荫轩，小巧雅致，临水挂落与栏杆之间，展现出一幅山水画卷。涵碧山房西侧有爬山廊，随山势高下起伏，连接山顶闻木樨香轩。山上遍植桂花，香气浮动。该处山高气爽，环顾四周，满园景色尽收眼底。池中小蓬莱岛浮现于碧波之上。池东濠濮亭、曲溪楼、西楼、清风池馆掩映于山水林木之间，进退起伏，错落有致。池北山石兀立，涧壑隐现，可亭立于山冈之上，有凌空欲飞之势。

东部重门叠户，庭院深深。院落之间以漏窗、门洞、长廊穿插通连，相互映衬成趣，成为苏州园林中院落空间最富变化的建筑群。西部有鹤所、石林小院、揖峰轩、还我读书处等院落。鹤所是专门放鹤的院所，翩翩然有君子之风的白鹤，符合中国文人“遗世独立”的风格。明代文徵明的曾孙文震亨的造园专著《长物志》将鹤列为园林鸟禽第一，曰：“鹤，其体高俊……空林野墅，白石青松，惟此君最宜。”他认为旷野山居只有鹤最适合，其他禽类都不入品。园中养鹤也有防蛇的效果，《吴县志》中有“邑中园亭多为畜之，可辟蛇”的记载。

厅北矗立着著名的留园三峰，冠云峰居中，瑞云峰、岫云峰屏立左右。冠

云峰高 6.5 米，相传为宋代花石纲遗物，系江南园林中最高大的一块湖石。峰石之前为浣云沼，周围建有冠云楼、冠云亭、冠云台、伫云庵等，均为赏石之所。西部以假山为主，土石相间，浑然天成。山上枫树郁然成林，盛夏绿荫蔽口，深秋红霞似锦。至乐亭、舒啸亭隐现于林木之中。登高望远，可借西郊名胜之景。山左云墙如游龙起伏。山前曲溪宛转，流水淙淙。东麓有水阁横卧于溪涧之下，令人有水流绵延不绝之感。

呈天然之趣

留园内亭馆楼榭高低参差，曲廊蜿蜒相续有七百米之多，颇有步移景换之妙。以建筑艺术著称，厅堂宏敞华丽，庭院富有变化，整个园林采用不规则布局形式，使园林建筑与山、水、石相融合而呈天然之趣。利用云墙和建筑群把园林划分为中、东、北、西四个不同的景区。在不大的范围内造就了众多而各有特性的建筑，处处彰显了咫尺山林、小中见大的造园艺术手法。清乾隆五十九年（1794），告老还乡的广西右江道刘恕改筑东园，园内多植白皮松、梧竹，因竹色清寒，更名“寒碧山庄”，俗称“刘园”。刘恕爱好书法和奇石，聚太湖石十二峰于园内，蔚为奇观。他将自己撰写的文章和古人书帖勒石嵌砌在园中廊壁。后世园主多承袭此风，逐渐形成今日留园多“书条石”的特色。

清同治十二年（1873），盛康（盛宣怀之父）购得此园并大规模修复扩建，取“长留天地间”之意，更名为“留园”。

松树、竹林成为明代园林建造的标配，晚明文学家王世贞在《游金陵诸园记》中赞叹：金陵诸园林中，东园当属“最大而雄爽者”。他还记述了万历年间游览该园时的情形，“初入门，杂植榆、柳，余皆麦垅，芜不治。逾二百步，复入一门，转而右，华堂三楹，颇轩敞，而不甚高，榜曰：‘心远’。前为月台数峰，古树冠之。堂后枕小池，与‘小蓬莱’对，山址潋滟，没于池中，有峰峦洞壑亭榭之属，具体而微。两柏异于合杪，下可出入，曰：‘柏门’。竹树峭茜，于荫宜，余无奇者……出左楹，则丹桥迤逦，凡五、六折，上皆平整，于小饮宜。桥尽有亭‘翼然’，甚整洁，宛宛水中央，正与‘一鉴堂’面。其背，一水之外，皆平畴老树，树尽而万雉层出。右水尽，得石砌危楼，缥缈翚（huī）飞云霄，盖缵勋所新构也。画船载酒，由左溪达于横塘，则穷。园之衡袤几半里，时时得佳木”，描绘了雅集东园时的秀丽景色。

东园是明代金陵城南闹市中一片难得的悠闲安谧之地，透过文徵明的《东园图》画卷可见园内松柏苍翠，修竹蔽天，花草芳馨，曲径通幽，小桥流水，汩汩不息，朱漆栏杆，曲折回环，亭台榭阁，历历在目，造型优雅的湖石点缀其间，毫无闹市中的喧嚣与杂沓，十分引人入胜，颇有一种清虚幽谧、豁然悠远的恬雅情境。明代中期社会监管有所宽松，才人韵士的游宴、雅集等活动遂兴。《东园图》体现了文士“独乐而不若与人，与少不若与众，东园子，天下贤公子也，所与游皆天下之贤士大夫也”的风流。

第五节 颐和园

虽由人作，宛自天开。

旷籁寂思虑，直庐饶清秘。
玉漏响沈沈，声递宫花外。
谁家宴西园，夜半发歌吹。
怅触羁旅情，竟夕不成寐。
秋月照关山，千里共明媚。
遥忆故园人，娟娟坐相待。

——清代陈遹声

《中秋夜颐和园直庐·其一》

“起始开合，步移景异”，就是说创造不同大小类型的空间，通过人们在行进中的不同视野随机安排，产生审美心理的变化。通过移步换景的处理，增加引人入胜的吸引力。风景园林是一个流动的欣赏空间，善于在流动中造景，是中国园林的主要特色。

颐和园建造之初的设计图，出自宫廷画师、建筑设计师郎世宁之手。颐和园是清代风景园林的代表作，也是保存最完整的一座皇家行宫御苑。

皇家气派的建筑

乾隆二十九年（1764年）建成清漪园，以中国古代神话中“海上三仙山”的构思，在昆明湖及西侧的两湖内建造三个小岛：南湖岛、团城岛、藻鉴堂岛，以比喻海上三山：蓬莱、方丈、瀛洲。

颐和园主要由万寿山和昆明湖两部分组成。万寿山属燕山余脉，高58.59米。建筑群依山而筑，万寿山前山，以八面三层四重檐的佛香阁为中心，北面依山，以取山林之意；南面临湖，故得看水之趣。从山脚的“云辉玉宇”牌楼，经排云门、二宫门、排云殿、德辉殿、佛香阁，直至山顶的智慧海，形成了一条层层上升的中轴线。东侧有“转轮藏”和“万寿山昆明湖”石碑。西侧有五方阁和铜铸的宝云阁。后山有西藏佛教建筑和屹立于绿树丛中的五彩琉璃多宝塔。山上有景福阁、重翠亭、写秋轩、画中游建筑群等。为了取园林之势，在庭院中布置山石盆景等，建筑采取了灰瓦卷棚顶，以区别于故宫的建筑，使整个建筑在均衡对称的布局中，兼具一定的活泼性。

与中央建筑群的纵向轴线相呼应的是横贯山麓、沿湖北岸东西逶迤的“长廊”，共273间，全长728米，这是中国园林中最长的游廊。长廊建筑本身在一定距离内又布置了亭子或通到临湖的轩榭，把它分成有节奏的段落，蜿蜒曲折。长廊把万寿山与昆明湖联结在一起，起到空间分割作用，有使园林空间有机过渡的作用，丰富了空间的变化与层次。后山是富有山林野趣的自然环境，除中部的佛寺“须弥灵境”外，建筑物大都集中为若干处自成一体，与周围环境组成精致的小园林。

佛香阁、长廊、石舫、苏州街、十七孔桥、谐趣园、大戏台等都已成为家喻户晓的代表性建筑。颐和园集传统造园艺术之大成，万寿山、昆明湖构成其基本框架，借景周围的山水环境，饱含中国皇家园林的恢宏富丽气势，又充满自然之趣，高度体现了“虽由人作，宛自天开”的造园准则。

自然山水的融合

昆明湖是颐和园的主要湖泊，占全园面积的四分之三。南部的前湖区碧波荡漾，西望山峦起伏，北望楼阁成群；湖中有一道西堤，自西北逶迤向南，堤上桃柳成行；十七孔桥横卧湖上，湖中三岛上也有形式各异的古典建筑。昆明湖是清代皇家诸园中最大的湖泊，湖中遍植荷花，水面丛植芦苇，岸边古桑排列，形成了丰富多彩的植物景观。西堤及其支堤把湖面划分为三个大小不等的水域，每个水域各有一个湖心岛。这三个岛在湖面上成鼎足而峙排列，象征着中国古老传说中的东海三神山——蓬莱、方丈、瀛洲。

西堤以及堤上的六座桥是模仿杭州西湖的苏堤和“苏堤六桥”。沿昆明湖堤岸大量种植柳树，西堤上还保存着北京最大的古柳群落，与水波潋滟相映，最能表现江南水乡的景致。“溪弯柳间栽桃”，西堤以柳树、桃树间植而形成桃红柳绿的景观，表现出宛若江南水乡的神韵。园外数里的玉泉山秀丽山形和山顶的玉峰塔影排闼而来，被收摄作为园景的组成部分。越过昆明湖西望，园外之景和园内湖山浑然一体，这是中国园林中运用借景手法的杰出范例。

颐和园有古树名木一千六百余株。前山以柏为主，辅以植松。松、柏是植物生态群落的基调树种，四季常青，岁寒不凋，是“高风亮节”“长寿永固”的象征。与殿堂楼阁的红垣、黄瓦、金碧彩画形成强烈的色彩对比，更能体现出前山景观恢宏、皇家的华丽气派。后山则以松为主，配合元宝枫、槲树、栾树、槐树、山桃、山杏、连翘、紫丁香等落叶树和花灌木的间植，大片成林。白皮松，更接近历史上北京西北郊松槲混交林的林相，以使其富于天然植被形象，具有浓郁的自然气息。谐趣园仿无锡的寄畅园而建，种植有大片的竹林。园中有大量的千屈菜、芦苇、荇菜被种植在浅水区，深水区多种植荷花和睡莲。建筑前海棠、紫薇对植，假山上树木丛生，相互掩映成趣。

清代丁观鹏、唐岱《十二月令图轴》梅月、杏月，绢本设色

| 台北故宫博物院·藏 |

农历二月又称杏月，有“春色满园关不住，一枝红杏出墙来”的美景。此时万物复苏，宜在户外踏春、嬉戏。

农历四月又称梅月，有“梅实迎时雨，苍茫值晚春”的意境。此时梅子黄熟、百花竞放，人们在连绵的细雨中赏花消遣。

第六节 个园

谁知竹西路，歌吹是扬州。

叠石为小山，通泉为平池，绿萝袅烟而依回，嘉树翳晴而蓊匌。闿爽深靓，各极其致，以其目营心构之所得，不出户而壶天自春，尘马皆息。

——清代刘凤诰《个园记》（节选）

小中见大，就是调动景观诸要素之间的关系，通过对比、反衬，造成错觉和联想，达到空间扩大，形成咫尺山林的效果。江南私家园林造园者运筹帷幄，小中见大，咫尺山林，巧为因借。近借毗邻，远借山川，仰借日月，俯借水中倒影，园路曲折迂回。利用廊桥花墙分隔成几个相对独立又贯穿联通的空间，谓之“园中有园”。故园虽小而不见其小，景物有限而联想无限。个园就是小中见大的典范。

竹山为胜

个园是清代扬州盐商宅邸私家园林，以遍植青竹而名，以春夏秋冬四季假山而胜。《个园记》记载：“园内池馆清幽，水木明瑟，并种竹万竿，故曰个园。”个园的“万竹园”是扬州城内最佳赏竹处。曲径通幽，是江南园林的审美要素之一。而悠长纤瘦的竹林小径，在体现园林意境方面更胜一筹。墙的匾额上有“竹西佳处”四字，“竹西”取自晚唐诗人杜牧吟咏扬州的诗句“谁知竹西路，歌吹是扬州”；宋代词人姜夔又有“淮左名都，竹西佳处”，后来人们就以竹西佳处来指称扬州。

个园得名缘于园主人生性好竹子；而竹叶三片，形似中国汉字“个”；中国汉字“竹”一半亦为“个”。清代大才子袁枚就有“月映竹成千个字”的诗句。竹历来为中国文人所爱，不仅是因为竹子姿态清雅，色如碧玉，更主要是因为它“正直，虚心，有气节”的品格。宋代大文豪苏轼曾作诗《于潜僧绿筠轩》云：“宁可食无肉，不可居无竹。无肉令人瘦，无竹令人俗。人瘦尚可肥，士俗不可医。”人人皆知苏轼是个美食家，著名的东坡肉即是他所创，但肉味虽美，终难胜竹之风雅和清幽。

整个园子以宜雨轩为中心，屋外花坛里种植了大量的桂花，桂谐音“贵”，寓意欢迎贵客。丹桂中秋飘香，对月品香赏月，别有一番情趣。沿着顺势的方向，可尽览四季秀景。

四季石山

明清时期，赏石成为当时文人追求的风尚。从用石极奇的角度上讲，个园采用了不同质料的石材，搭配不同植物，体现以春、夏、秋、冬命名的“四季假山”。

个园夏景

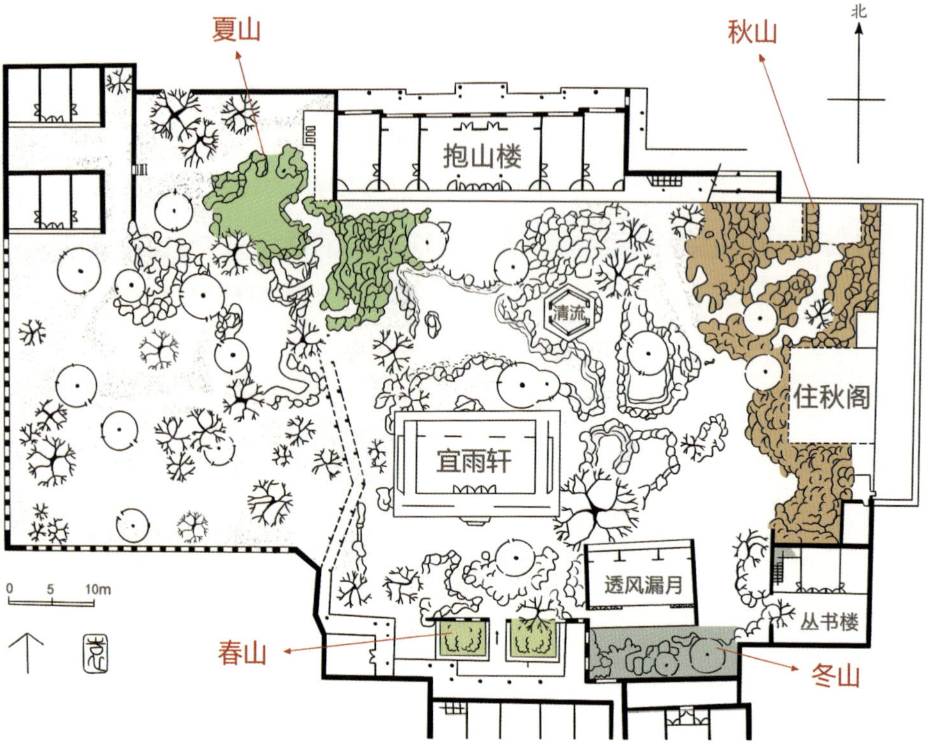

个园平面图

| 王宪明·绘 |

春景以石笋与竹子搭配。个园门外两边修竹高出墙垣，竹丛中插植有石笋，以“寸石生情”之态，状出“雨后春笋”之意。竹石点破“春山”主题，传达出传统文化中的“惜春”理念。入了园门，还是同一座春山，还是竹石图画，这里有象形石点缀出的十二生肖，花坛里间植有牡丹芍药。门外是早春光景，门内则是深春之景。

夏景以太湖石山与松树搭配。叠石以青灰色太湖石为主，叠石似云翻雾之态，造园者利用太湖石的凹凸不平和瘦、透、漏、皱的特性，叠石多而不乱，远观舒卷流畅，巧如云、奇如峰；近看则玲珑剔透，似峰峦、似洞穴。洞室可以穿行，拾级登山，数转而达山顶。山顶建一亭，傍依老松。山上磴道，东接长楼，与黄石山相连。

秋景以黄石山与柏树搭配。黄石假山在园中东北角，由粗犷的黄石叠成。

山顶建四方亭，山隙古柏斜伸，倚伴嶙峋山石。山上有三条磴道，一条两折之后仍回原地，一条可行两转，逢绝壁而返。唯有中间一路，可以深入群峰之间或下至山腹的幽室。在山洞中左登右攀，境界各殊，有石室、石凳、石桌、山顶洞、一线天，还有石桥飞梁，深谷绝涧，有平面迂回，有立体盘曲，山上山下，又与楼阁相通。秋山山顶置亭，形成全园的最高景点。

冬景以雪石山独立，不须植物搭配，以象征荒漠疏寒。假山在东南小庭院中，倚墙叠置色洁白、体圆浑的宣石（雪石），宣石假山内含石英，迎光则闪闪发亮，背光则耀耀放白。又在南墙上开四行圆孔，利用狭巷高墙的气流变化所产生的北风呼啸的效果，成为冬天大风雪的气氛。雪石造山之时，还着意堆塑出一群大大小小的雪狮子，或跳或卧，或坐或立。

个园以叠石艺术著名，主用笋石、湖石、黄石、宣石四种石材来表达四季，融造出“春景艳冶而如笑，夏山苍翠而如滴，秋山明净而如妆，冬景惨淡而如睡”的诗情画意，这种造园法则与山水画理融于一体，被园林泰斗陈从周先生誉为“国内孤例”。

个园秋景

第七节 拙政园

有真为假，作虚成实。

会心何必在郊坰，近圃分明见远情。
流水断桥春草色，槿篱茅屋午鸡声。
绝怜人境无车马，信有山林在市城。
不负昔贤高隐地，手携书卷课童耕。

——明代文徵明

《拙政园图咏·若墅堂》

“虽由人作，宛自天开”是《园冶》的精髓，也是造园所要达到的意境和艺术效果。如何将“幽”“雅”“闲”的意境营造出一种“天然之趣”，是园林设计者的匠心和技巧的体现。

归田园居

苏州拙政园是明代江南古典园林的代表作品，与颐和园、避暑山庄、留园共同被誉为中国四大名园。拙政园以大弘寺址拓建为园，是明代御使王献臣的私园，取晋代潘岳《闲居赋》中“拙者之为政也”意，寄托园主人娱乐山水而避朝政的愿望。

中亘积水，浚治成池，弥漫处“望若湖泊”。园多隙地，缀为花圃、竹丛、果园、桃林，建筑物则稀疏错落，共有堂、楼、亭、轩等三十一景，形成一个以水为主、疏朗平淡，近乎自然风景的园林，“广袤二百余亩，茂树曲池，胜甲吴下”。明代嘉靖十二年（1533 年），文徵明依园中景物绘图三十一幅，各系以诗，即《拙政园图咏》，又作《王氏拙政园记》一文。

其中《拙政园图咏·繁香坞》云："杂植名花傍草堂，紫蕤丹艳漫成行。春光烂熳千机锦，淑气熏蒸百和香。自爱芳菲满怀袖，不教风露湿衣裳。高情已在繁华外，静看游蜂上下狂。"繁香坞在若墅堂之前，杂植牡丹、芍药、丹桂、海棠、紫璚诸花。

湘筠坞在桃花沜之南，槐雨亭北，修竹连亘，境特幽迥。

湘筠坞

种竹连平冈，冈回竹成坞。
盛夏已惊秋，林深不知午。
中有遗世人，琴樽自容与。
风来酒亦醒，坐听潇湘雨。

芭蕉槛在槐雨亭之左，更植椶（同"棕"）阴，宜为暑月。

芭蕉槛

新蕉十尺强，得雨净如沐。
不嫌粉堵高，雅称朱栏曲。
秋声入枕凉，晓色分窗绿。
莫教轻剪取，留待阴连屋。

明崇祯八年（1635 年），园东部荒地十余亩被善画山水的刑部侍郎王心一悉心经营，布置丘壑，名"归田园居"，中有秫香楼、芙蓉榭、泛红轩、兰雪堂、漱石亭、桃花渡、竹香廊、啸月台、紫藤坞、放眼亭诸胜，荷池广四五亩，墙外别有家田数亩。园中多奇峰，山石仿峨眉栈道。清顺治五年（1648 年）易主为大学士海宁陈之遴，重加修葺，备极奢丽。内有宝珠山茶三四株，花时钜丽鲜妍，为江南所仅见。清雍正六年（1728 年）沈德潜作的《兰雪堂图记》，当时

湘筠坞、芭蕉槛·明代文徵明《拙政园十二景图》，纸本设色

|纽约大都会博物馆·藏|

园中崇楼幽洞、名葩奇木、山禽怪兽。到同治十年（1871 年）冬，南皮（今河北沧州南皮县）张之万任江苏巡抚时，居拙政园原潘宅房屋内。张能书画，经营修治，渐复旧观。有远香堂、兰畹、玉兰院、柳堤、东廊、枇杷坞、水竹居、菜花楼、烟波画舫、芍药坡、月香亭、最宜处诸胜，绘有《吴园图》十二册。拙政园专门辟出一个园中园，栽种枇杷，一道云墙迤逦横过，便隔开了空间。枇杷园砖额背面嵌“晚翠”二字，即便是落木萧萧的寒冬，步入园中，头顶上也总有枝柯蓊然，交映出一片冷翠，令人恍然领会到“晚翠”的妙意。俞平伯亦喜“晚翠”二字，认为玲珑馆旁可多种几株枇杷，“那么终年绿阴罨（yǎn）画，婆娑可爱，就将玉壶冰改为晚翠轩，也无不可”。光绪十三年（1887 年）又曾修葺过一次，“首改园门，拓其旧制，……其他倾者扶，圮者整”，并建澄观楼于池之上。当时园中古树参天，“修廊迤俪，清泉贴地，曲沼绮交，峭石当门，群峰玉立”。这一以水为主、水面阔广、景色自然的格局基本保持至今。苏州拙政园，经过造园家的巧妙布置，这一带原来的一片洼地形成了池水迂回环抱，似断似续，崖壑花木屋宇相互掩映、清幽曲折的园林景色，真可谓是“虽由人作，宛自天开”的佳作。

顺应自然是造园者的指导思想，只要“稍动天机”，即可做到“有真为假，作虚成实”的巧夺天工之势。中国古代园林巧在顺应天然之理、自然之规，符合自然时序，布局才能顺理成章。以建筑、山水、花木为要素，取诗的意境作为治园依据，取山水画作为造园的蓝图，经过艺术剪裁，以达到虽经人工创造，又不露斧凿的痕迹。造园不是单纯地模仿自然，再现原物，而是要求创作者真实地反映自然，又高于自然。尽可能做到使远近、高低、大小互相制约，达到有机的统一，体现出大地的多姿。有的似山林，有的似水乡，有的庭院深深，有的野趣横溢，各具特色。

引发西方造园艺术变革

中国园林艺术既是中国人文化性格与审美情趣的典型意象，也是中国传统文化的独特文脉。作为一种民族精神与文化的载体，蕴含着中华民族的人文观、自然观、生态观与对美学理想的追求。

从 13 世纪开始，代表东方文化的中国园林艺术，随着来华的西方传教士、旅行家的增多而逐渐被西方世界知晓。意大利旅行家和商人马可·波罗在《马可·波罗游记》中记述了他在东方最富有的国家——中国的见闻，激起了欧洲人对东方的热烈向往。1685 年，英国政治家坦伯尔爵士在《关于园林》一书中说：“中国园林的美不在于整齐的布局和对称的安排，而恰恰在于不整齐的布局和不对称的安排。在这种布置里，虽然许多不协调的东西放在一起，但是看起来仍使人感到无比的舒畅。”在 18 世纪，欧洲掀起了“中国热”的高潮，

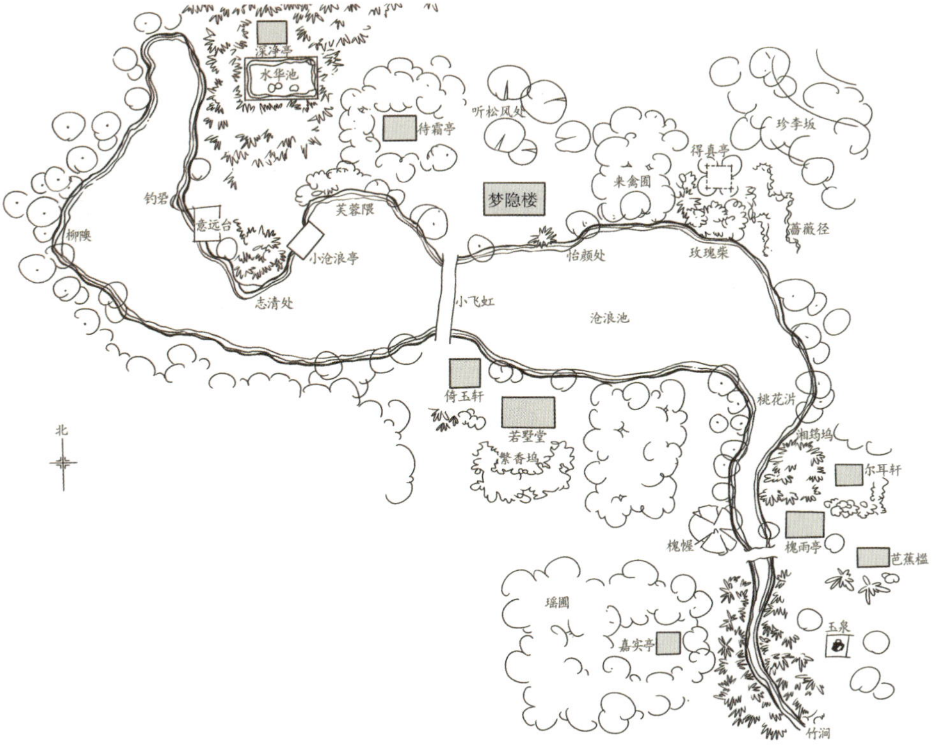

明代文徵明《王氏拙政园记》，三十一景方位复原平面示意图

| 王宪明参考顾凯《明代江南园林研究》· 绘 |

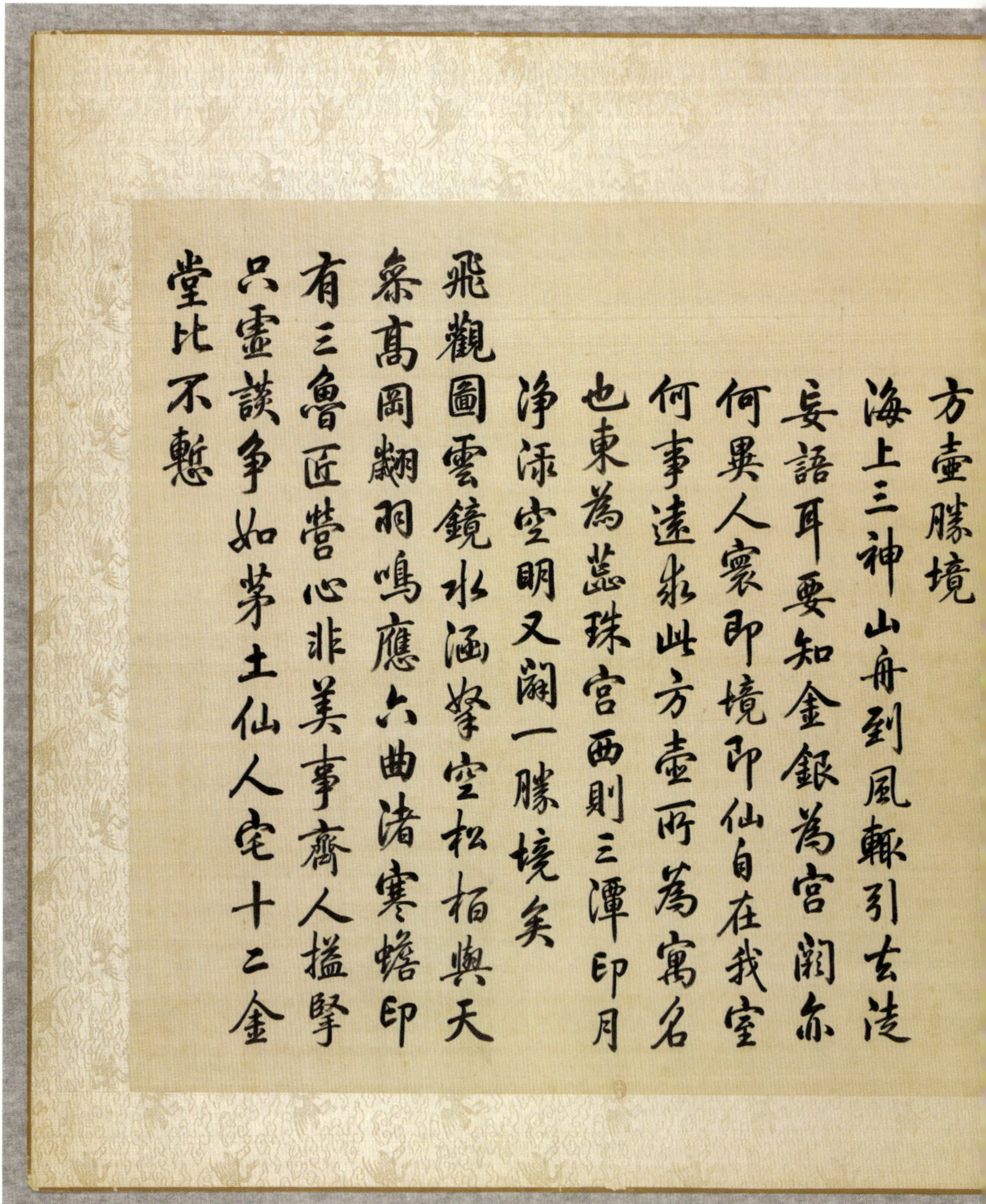

清代宫廷画师沈源，唐岱等《圆明园四十景图咏·方壶胜境》

| 法国国家图书馆·藏 |

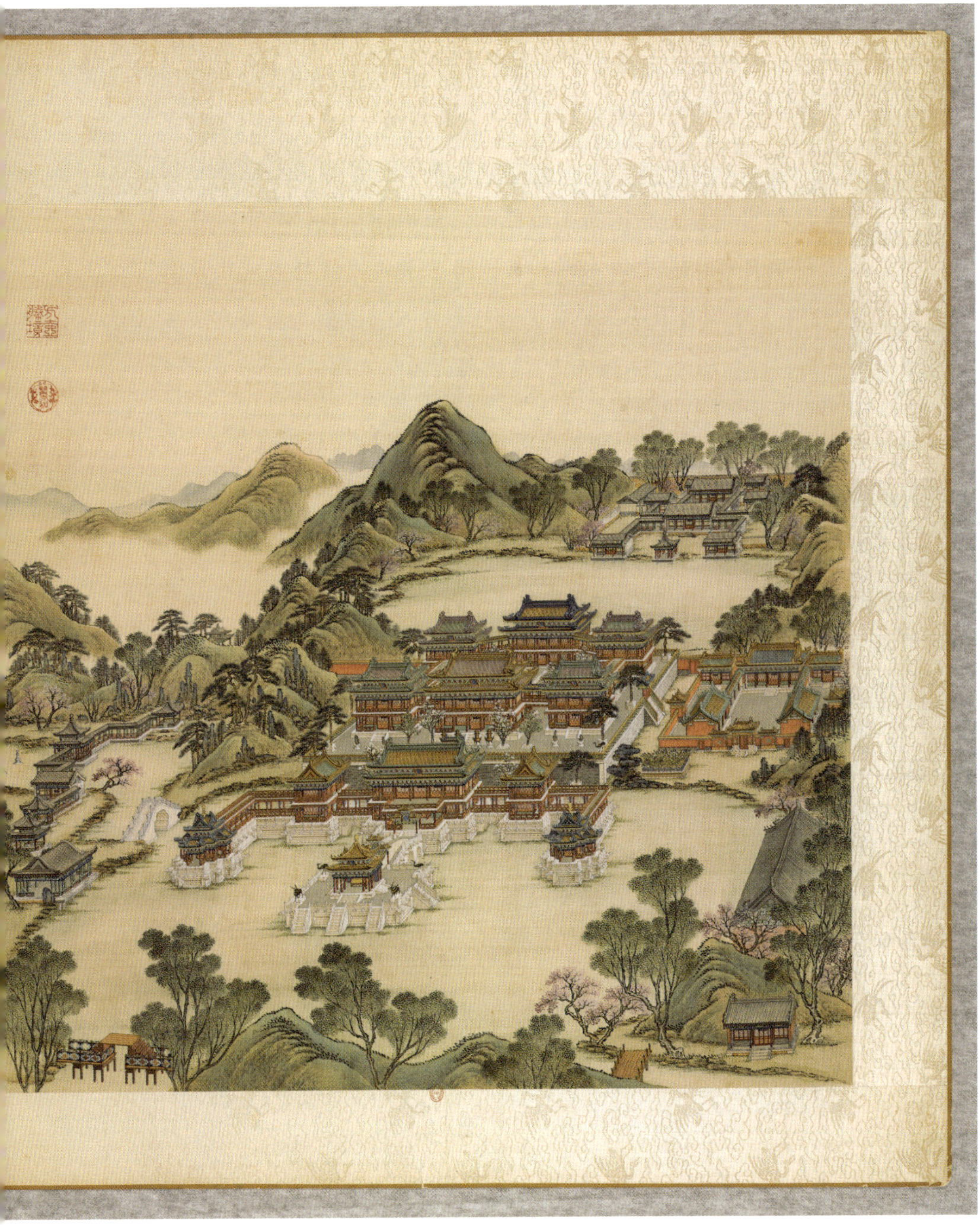

引发西方造园艺术的变革。康熙五十二年（1713 年），意大利传教士马泰奥·里帕（中文名马国贤）以清内府木版《御制避暑山庄记》为蓝本，主持印制了铜版《避暑山庄三十六景诗图》，向西方人展示了中国园林艺术。他在《清廷十三年》书中写道："畅春园和我在中国见过的其他行宫一样，和欧洲人的趣味完全不同。我们欧洲人寻求用艺术来排除自然……中国人则相反，用艺术的方法努力地模仿自然。"1743 年，法国传教士王致诚在致巴黎友人《中国御苑特写》一文中，将圓明园称之为"人间天堂""万园之园"。

避暑山庄铜版画和圆明园铜版画作为完整反映中国园林图像资料的西传，向西方传播了中国的园林文化，促进了中西方文化的交流。1761 年，英国在整修"邱园"时采用了中国式的造园题材和手法，修建了中式砖塔和亭子。李约瑟评价中国园林说："中国园林本身就具有很好的启发意义，尽管很久以来它的最初目的是为体现美学的，其主题主要是审美，但后来由于某些因素，我们的注意力却集中到了动植物的收集和堆砌上了。"

参考文献

[1] 朱橚. 救荒本草校释 [M]. 倪根金，校. 北京：中国农业出版社，2008.

[2] 吴其濬. 植物名实图考校注 [M]. 侯士良，等校. 郑州：河南科学技术出版社，2015.

[3] 游修龄. 中国农业百科全书·农业历史卷 [M]. 北京：农业出版社，1995.

[4] 竺可桢. 天道与人文 [M]. 北京：北京出版社，2005.

[5] 魏莹. 古代园艺 [M]. 长春：吉林文史出版社，2009.

[6] 王烨. 中国古代园艺 [M]. 北京：中国商业出版社，2015.

[7] 顾凯. 明代江南园林研究 [M]. 南京：东南大学出版社，2010.

[8] 陈俊愉. 中国梅花的研究——梅之原产地与梅花栽培历史 [J]. 园艺学报，1962（01）：69–78.

[9] 竺可桢. 中国近五千年来气候变迁的初步研究 [J]. 中国科学，1973（02）：168–189.

[10] 闵宗殿. 韭菜馨香传古今 [J]. 植物杂志，1979（06）：39–40.

[11] 陈士瑜. 中国食用菌栽培探源 [J]. 中国农史，1983（04）:42–48.

[12] 李向高. 我国人参栽培、加工的历史概况 [J]. 中药材科技，1984（05）：39–40.

[13] 刘后利. 几种芸薹属油菜的起源和进化 [J]. 作物学报，1984（03）：13.

[14] 屠呦呦. 中药青蒿的正品研究 [J]. 中药通报，1987（01）：194–197.

[15] 叶静渊. 我国油菜的名实考订及其栽培起源 [J]. 自然科学史研究，1989（02）：158–165.

[16] 陆子豪. 中国蔬菜生产的历史演变 [J]. 中国蔬菜，1990（01）：44–49.

[17] 叶静渊. 明清时期白菜的演化与发展 [J]. 中国农史，1991（01）：53.

[18] 李璠. 中国栽培植物起源与发展简论 [J]. 农业考古，1993（01）：49.

[19] 胡世林. 青蒿、黄花蒿与邪蒿的订正 [J]. 基层中药杂志，1993（03）：4–6.

[20] 范楚玉. 我国古代杰出的蔬菜、果树园艺技术 [J]. 文史知识，1994（11）：46–49+22.

[21] 华明夫. 自然之经方 天地之元医——游访骊山温泉 [J]. 环境，1994（11）.

[22] 叶静渊. 我国叶菜类栽培史略 [J]. 古今农业，1995（03）：45–50.

[23] 闵宗殿. 是宋书还是清书，关于《调燮类编》成书年代的讨论 [J]. 古今农业，1997（03）：47–49.

[24] 周肇基，魏露苓．中国农民种艺的窍门［J］．植物杂志，2001（05）：44–46.

[25] 傅晶．魏晋南北朝园林史研究［D］．天津大学，2003.

[26] 黄雯：中国古代花卉文献研究［D］．西北农林科技大学，2003.

[27] 丁晓蕾，《齐民要术》中的蔬菜科技述评［J］．南京农业大学学报（社会科学版），2005（01）：91.

[28] 罗桂环，陈瑞丹．美丽的误会，谁抢了玫瑰的名字［J］．生命世界，2006（02）：10–16.

[29] 丁晓蕾，中国蔬菜科技源流考——兼论《齐民要术》中的蔬菜科技［J］．农业考古，2006（01）：161–165.

[30] 杨新才．枸杞栽培历史与栽培技术演进［J］．古今农业，2006（03）：49–54.

[31] 王国良．中国古老月季演化历程［J］．中国花卉园艺，2008（15）：10–13.

[32] 乐巍，吴德康，汪琼．薏苡的本草考证及其栽培历史［J］．时珍国医国药，2008（02）：314–315.

[33] 安志信，李素文．《诗经》中蔬菜的演化和发展［J］．中国蔬菜，2010（09）：20–24.

[34] 李晓丹，王其亨．中国园林西传研究［J］．学习与探索．2011（04）：252–254.

[35] 黄共新．《园治》对中国园林设计的影响［J］．北京农业，2011（10）：62–63.

[36] 张德纯．蔬菜史话・芜菁［J］．中国蔬菜，2012（17）：43.

[37] 王建文，王建军．从考古发现谈我国牡丹种植年代和相关问题［J］．丝绸之路，2012（24）：48–50.

[38] 曾雄生．杂种——农业生物多样性与中国农业的发展［J］．中国乡镇企业，2013（11）：14–31.

[39] 程杰．论中国古代芦苇资源的自然分布、社会利用和文化反映［J］．阅江学刊，2013（01）：119–134.

[40] 龚珍．蔓菁早期栽培史再考［J］．中国农史，2014（05）：26–33.

[41] 郝福为，张法瑞．中国板栗栽培史考述［J］．古今农业，2014（03）：40–48.

[42] 曾雄生．不能逾淮却漂洋过海的吉利之果——柑橘史话［J］．科学月刊，2016（543）：218–221.

[43] 耿澜．从“冬葵温韭”探温室技术起源［J］．中国果菜，2015（01）：14–15.

[44] 罗瑞环．中国油菜栽培起源考［J］．古今农业，2015（03）：26–27.

[45] 刘夙．菊花——中国古代的园艺巨献［J］．紫禁城，2016（09）：30–33.

[46] 刘文婷，孙卓如．论园林景观中的“因地制宜”［J］．现代园艺，2019（4）：87–88.

[47] 丁晓蕾．中国萝卜的栽培利用史研究［D］．南京农业大学，2019.

[48] 张宝琳．舌尖上的交融 东鸣西应的汉唐时期饮食文化［J］．文明，2019（09）：53–56.

[49] 邢云龙．“堂花”考——中国古代园艺促成栽培技术［J］．池州学院学报，2020（06）：23–32.

［50］程杰．论我国古代瓜业的历史发展［J］．中国农史，2020（02）：18–34.

［51］丁晓蕾，李静华．清欢有味：明清时期江南地区的蔬菜作物考述［J］．中国农史，2020（06）：24–34.

［52］王思明，刘启振．行走的作物：丝绸之路中外农业交流研究［J］．中国科技史杂志，2020（03）：435–451.

［53］蔡曾煜．苏州史上多菊谱［N］．姑苏晚报，2019–11–10.

［54］樊志民．也说苋菜［N］．咸阳日报，2020–9–30.

［55］邱志诚．宋代农书考论［J］．中国农史，2010（03）：26.